MATHEMATIK FÜR INGENIEURE, NATURWISSENSCHAFTLER, ÖKONOMEN UND LANDWIRTE · BAND 19/2

Herausgeber: Prof. Dr. O. Beyer, Magdeburg · Prof. Dr. H. Erfurth, Merseburg
Prof. Dr. O. Greuel † · Prof. Dr. H. Kadner, Dresden
Prof. Dr. K. Manteuffel, Magdeburg · Doz. Dr. G. Zeidler, Berlin

PROF. DR. H. BANDEMER
DR. A. BELLMANN

Statistische Versuchsplanung

3., BEARBEITETE AUFLAGE

LEIPZIG BSB B. G. TEUBNER VERLAGSGESELLSCHAFT
1988

Verantwortlicher Herausgeber:
Dr. rer. nat. Günter Zeidler, Dozent für Wirtschaftsmathematik
an der Hochschule für Ökonomie „Bruno Leuschner“, Berlin-Karlshorst

Autoren:
Dr. rer. nat. habil. Hans Bandemer, ordentlicher Professor an der Bergakademie Freiberg;
Dr. rer. nat. Andreas Bellmann, wiss. Oberassistent an der Bergakademie Freiberg

Als Lehrbuch für die Ausbildung an Universitäten und Hochschulen der DDR anerkannt.

Berlin, September 1987 **Minister für Hoch- und Fachschulwesen**

Bandemer, Hans:
Statistische Versuchsplanung / H. Bandemer; A. Bellmann. –
3. Aufl. – Leipzig: BSB Teubner, 1988. –
116 S.: 13 Abb.
(Mathematik für Ingenieure, Naturwissenschaftler,
Ökonomen und Landwirte; 19/2)
NE: Bellmann, Andreas: GT

ISBN 3-322-00468-6

Math. Ing. Nat.wiss. Ökon. Landwirte, Bd. 19/2

ISSN 0138-1318

3. Auflage

VLN 294-375/51/88 · LSV 1074

Lektor: Dorothea Ziegler/Jürgen Weiß

Printed in the German Democratic Republic

Gesamtherstellung: Grafische Werke Zwickau III/29/1

Bestell-Nr. 665 773 7

00750

Vorwort

Mit der Entwicklung der Wissenschaft, die immer kompliziertere Sachverhalte zum Gegenstand der Untersuchung macht, steigt der Aufwand für Experimente immer stärker an. Dies zwingt die Wissenschaftler zu einer rationellen Gestaltung ihrer Experimente. Im Verlauf der letzten fünfzig Jahre wurden in zunehmenden Maße auch mathematische Methoden zur Steigerung der Effektivität der Experimente eingesetzt. Diese mathematischen Methoden haben besonders dann ihre Leistungsfähigkeit bewiesen, wenn Experimente betrachtet werden müssen, deren Resultate zufallsbeeinflußt, also z. B. Zufallsgrößen sind.

In den Biowissenschaften machte sich die Notwendigkeit, zufällige Einflüsse, z. B. des Klimas, des Bodens und des Versuchsobjekts zu berücksichtigen und die Schranken des Versuchsaufwandes, z. B. durch die Begrenzung der Zahl der Versuchsobjekte und der Generationszeit, zuerst bemerkbar. Daher wurden hier zuerst mathematische Methoden bei der Planung und Auswertung zufallsbeeinflußter Experimente angewandt. Heute verfügen die Biowissenschaftler in der Biometrie (vgl. z. B. Rasch/Enderlein/Herrendörfer [1]) über eine leistungsfähige Wissenschaftsdisziplin für die Planung und Auswertung von Experimenten im biologischen Bereich.

In den anderen Naturwissenschaften und in der Technik ist die Auswertung von Experimenten mit den Methoden der mathematischen Statistik (vgl. z. B. Bd. 17 dieser Reihe) seit langem üblich. Bei der Planung von Experimenten jedoch bedient man sich erst in den letzten zwanzig Jahren gewisser Verfahren aus der Biometrie (vgl. z. B. Scheffler [1]). Darüber hinaus wurden bereits einige Methoden entwickelt, die speziell den Bedürfnissen der Technik Rechnung tragen (vgl. z. B. Bandemer/Bellmann/Jung/Richter [1], Hartmann/Letzkij/Schäfer[1]).

Die Grundlagen der Theorie der Versuchsplanung sind relativ tiefliegend in der höheren Algebra, der Entscheidungstheorie und der Theorie der nichtlinearen Optimierung zu finden. Im gegebenen Rahmen ist es daher nur möglich, eine erste Einführung in die Problematik und zumeist exemplarische Anwendungsaufgaben zu liefern. Als Voraussetzung der Lektüre wird die Kenntnis des Bandes 17 dieser Reihe oder eines ähnlichen einführenden Lehrbuches in die Wahrscheinlichkeitstheorie und die mathematische Statistik (Storm [1], Maibaum [1]) angesehen.

Obwohl versucht worden ist, die Beispiele über alle Anwendungsgebiete gleichmäßig zu verteilen, wobei im einzelnen Fall dem typischen Problem der Vorrang gegeben wurde, scheint eine Übersetzung der Aufgabenstellung in das engere Fachgebiet des Lesers möglich und unerläßlich.

Die Formulierung sinnvoller Übungsaufgaben wurde nach reiflicher Überlegung für nicht möglich erachtet, da die Lösung (nichttrivialer) theoretischer Probleme, etwa zur Berechnung von Plänen, entweder anspruchsvollere mathematische Hilfsmittel oder den Einsatz von EDVA erfordern würde. Andererseits schließen praktische Probleme als Übungsaufgaben die Darlegung von umfangreichen fachspezifischen Details, der mathematischen Modellierung und der Versuchsergebnisse ein. Dies würde erheblichen Platz beanspruchen, jedoch jeweils nur für einen kleinen Teil der Leser von Interesse sein. Daher wird empfohlen, analog zu den gegebenen Beispielen Probleme aus dem jeweiligen Spezialgebiet zu wählen und in die entsprechende Lehrveranstaltung einzubauen.

Mit dem vorliegenden Band wurde erstmals in deutscher Sprache versucht, die statistische Versuchsplanung als Teilgebiet der mathematischen Statistik für den Anwender lehrbuchmäßig darzustellen.

Daher sind kritische Hinweise, die zur Verbesserung des Lehrbuches in der nächsten Auflage führen, jederzeit willkommen.

Wir danken Herrn Doz. Dr. D. Rasch, Rostock, für die kritische Durchsicht des Manuskriptes und seine vielen wertvollen Hinweise, vor allem zu den Kapiteln 1 bis 3.

Dem Verlag sei für das große Verständnis für die Schwierigkeiten bei der Abfassung des Manuskripts und die tatkräftige Unterstützung gedankt.

Freiberg, Januar 1976 Die Autoren

Vorwort zur 2. Auflage

Die Notwendigkeit einer zweiten Auflage in verhältnismäßig kurzer Zeit ist ein erfreuliches Zeichen für das zunehmende Interesse an diesem für die unmittelbare Anwendung so bedeutungsvollen Gebiet der Mathematik. Gegenüber der ersten Auflage wurden nur einige Fehler berichtigt, die aus den verschiedensten Gründen stehengeblieben waren und für deren Aufzeigen wir Herrn Doz. Dr. H. Heckendorff und Herrn Dipl.-Math. W. Mauermann von der TH Karl-Marx-Stadt herzlich danken.

Freiberg, Juli 1978 Die Autoren

Inhalt

1. Einführung in die Problemstellung

1.1. Ausgangspunkt und Ziel der statistischen Versuchsplanung

Jede angewandte Wissenschaft bedient sich des Experiments als Mittel zur Erkenntnisgewinnung im weitesten Sinne, sei es in der Forschung zur Untersuchung neuer Sachverhalte, sei es bei der Kontrolle und Steuerung von Abläufen. Jeder experimentellen Untersuchung muß eine genaue Problemstellung zugrunde liegen. Die Formulierung dieser Problemstellung ist keine Aufgabe der Mathematik, jedoch führen die Bemühungen, bei dieser Formulierung die Sprache der Mathematik mit heranzuziehen, zu einem erneuten genauen Durchdenken des Problems und in der Regel auch zu seiner erforderlichen Präzisierung.

Vergleichen wir z. B. die ursprüngliche Fragestellung: „Ist das Futtermittel B für Schweine besser als das bisher verwendete Futtermittel A?“ mit der präzisierten Fassung: „Wird die mittlere tägliche Gewichtszunahme bei Schweinen der Rasse DL, die in Großanlagen gehalten werden, erhöht, wenn wir das Futtermittel B anstelle von A einführen?“ (vgl. Rasch/Enderlein/Herrendörfer [1]).

Durch eine präzisierte Problemstellung werden die zu untersuchenden Größen und die hauptsächlichsten Bedingungen, unter denen diese betrachtet werden sollen, festgelegt. Es ist jedoch unmöglich, alle Bedingungen für einen Versuch festzulegen. Entweder (vgl. das nachfolgende Beispiel 1) sind die Versuchsobjekte „naturgegeben“ (so vor allem in den Biowissenschaften), oder (vgl. das nachfolgende Beispiel 2) der Aufwand für die Fixierung der Bedingungen wäre unvertretbar hoch (so vor allem in den technischen Wissenschaften). Darüber hinaus (vgl. das nachfolgende Beispiel 3) gelten selbstverständlich die aus den Versuchsergebnissen erwarteten Aussagen in der Regel nur für die festgelegten Versuchsbedingungen. Dabei ist eine starke Einschränkung dieses Aussagebereiches natürlich nur selten erwünscht.

Beispiele:

1. Die Versuchstiere einer Rasse unterscheiden sich bezüglich der Gewichtszunahme selbst bei gleichen Haltungsbedingungen.
2. Die Fixierung der Umweltbedingungen (z. B. Temperatur und Feuchtigkeitsgehalt der Luft, Erschütterungsfreiheit des umgebenden Mediums usw.) dürfte bei einer einfachen Längenmessung einen zu großen Aufwand erfordern, obwohl diese Bedingungen einen Einfluß auf das Meßergebnis haben.
3. Die Schwierigkeiten bei der Übertragung von Aussagen aus Laborversuchen in die Produktion sind genau so bekannt wie die begrenzte Aussagefähigkeit von ökonomischen Untersuchungen in einem einzelnen Betrieb.

Eine sinnvolle Beschreibung solcher Sachverhalte und praktischer Aufgabenstellungen wird durch die Anwendung der Methoden der Stochastik, das sind z. B. die Wahrscheinlichkeitstheorie und die Mathematische Statistik, ermöglicht. Dabei werden die auf das Versuchsergebnis wirkenden Einflüsse, die wir nicht kennen oder konstant halten können, als zufällige Einflüsse betrachtet, und das Ergebnis eines Versuches ist somit ein zufälliges Ereignis. Nach der Festlegung der zu untersuchenden Größen und der Abgrenzung des Aussagebereiches durch Fixierung von Versuchsbedingungen können wir die konkreten Ergebnisse der Versuche als Realisierungen von entsprechenden Zufallselementen (Zufallsgrößen, -vektoren oder -prozessen) auffassen (vgl. Storm [1], Maibaum [1]).

Einen *Versuch* können wir also als Beobachtung eines entsprechenden Zufallselementes deuten, wobei diese Zufallselemente von festgelegten Versuchsbedingungen abhängen, die auch systematisch von Versuch zu Versuch geändert werden können.

Eine wohldefinierte, endliche Menge von Versuchen wollen wir im folgenden *Experiment* nennen.

Wenn in einem gegebenen Sachverhalt verschiedene konkurrierende Möglichkeiten für Experimente zur Verfügung stehen, also eine Auswahl unter beobachtbaren Zufallselementen (z. B. durch Festlegung gewisser Parameter) möglich ist, dann wollen wir von (*statistischer*) *Versuchsplanung* sprechen.

Erfolgt die Auswahl eines Experimentes aus den konkurrierenden Möglichkeiten nach einem gegebenen Optimalitätskriterium, so wollen wir dies (*statistische*) *optimale* Versuchsplanung nennen.

Das Ziel der Versuchsplanung ist allgemein, die gewünschten oder erforderlichen Erkenntnisse aus der experimentellen Untersuchung mit möglichst geringem Versuchsaufwand oder, bei beschränktem Versuchsaufwand, möglichst aussagekräftige Erkenntnisse zu gewährleisten. Der ständig steigende notwendige Aufwand für experimentelle Untersuchungen macht die stets vorhandenen Schranken für die Mittel an Geld, Zeit und Versuchsmaterial immer fühlbarer und zwingt die Wissenschaftler in zunehmendem Maße, sich um eine rationelle Gestaltung ihrer Experimente zu kümmern. Die statistische Versuchsplanung ist ein wertvolles Hilfsmittel hierzu, das jedoch nur dann zur vollen Wirksamkeit gelangen kann, wenn seiner Anwendung eine rationelle Gestaltung der Versuchsfrage vorangeht. Es ist also eine möglichst präzise fachwissenschaftliche und mathematisch faßbare Aufgabenstellung zu formulieren. Dazu gehört u. a. die Einbettung in ein wahrscheinlichkeitstheoretisches Modell.

Es sei schließlich bemerkt, daß zur rationellen Vorbereitung von experimentellen Untersuchungen auch die geschickte Wahl eines Versuchstyps gehört (z. B. Testversuch, Laborversuch, Modellversuch, Pilotversuch, Praxisversuch, Erhebung; vgl. Rasch/Enderlein/Herrendörfer [1]). Die Wahl hängt von den bereits vorliegenden Erfahrungen, dem gewünschten Aussagebereich, der Zielstellung der Versuche sowie der möglichen Übertragbarkeit der Aussagen ab. Prinzipiell ist es natürlich möglich, diese Wahl mit in die statistische Versuchsplanung einzubeziehen, wenn es nämlich gelingt, die den Versuchstypen entsprechenden Zufallselemente in ihren Eigenschaften zu beschreiben und den Wert der Aussagen (etwa im Rahmen entscheidungstheoretischer Betrachtungen) gegeneinander abzuwägen. Im allgemeinen jedoch dürfte es gegenwärtig noch empfehlenswerter sein, diese Auswahl aus sachlogischen Erwägungen der anwendenden Fachwissenschaft und ökonomischen Überlegungen vor der Anwendung der statistischen Versuchsplanung zu treffen.

1.2. Versuchsplanung und -auswertung

Wie wir bereits im vorigen Abschnitt bemerkt haben, hängt die Auswahl des Experiments wesentlich von der Problemstellung ab und von dem Ziel, das wir verfolgen. Dieses Ziel ist im vorliegenden Fall in einem stochastischen Modell, d. h. als Aufgabe der mathematischen Statistik, formuliert. Wir werden bestrebt sein, möglichst einfache statistische Standardaufgaben zu erhalten, die jedoch die praktische Problemstellung nicht unzulässig simplifizieren dürfen. Beispiele für solche Standardaufgaben wurden bereits in Bd. 17 vorgestellt, mit zwei Beispielen wollen wir uns daran erinnern.

Beispiel 1.1: Mit einem gegebenen Meßgerät ist eine physikalische Kenngröße zu bestimmen, gleichzeitig wird eine Aussage über die unbekannte Genauigkeit des Meßgerätes benötigt. Wir wollen annehmen, daß folgende Voraussetzungen gelten:

a) Das Meßgerät hat keinen systematischen Fehler,
b) die zufälligen Meßfehler sind normalverteilt.

Damit können wir das Meßergebnis als Zufallsgröße der Form

$$X = \mu + \varepsilon \tag{1.1}$$

auffassen, wobei $EX = \mu$ der wahre Wert der Kenngröße und die Zufallsgröße ε der normalverteilte zufällige Meßfehler mit $E\varepsilon = 0$ ist. Die unbekannte Meßgenauigkeit wird durch die Varianz $D^2\varepsilon = \sigma^2$ charakterisiert. Die statistische Aufgabe besteht in diesem Fall in der Schätzung von μ und σ^2 anhand einer Stichprobe $X_1, \ldots, X_n$ (wir wollen dieses Problem als Meßproblem bezeichnen).

Beispiel 1.2: Eine vorgegebene Lieferung von technischem Kleinmaterial (z. B. Schrauben) darf höchstens $100p_0\,\%$ Ausschuß enthalten. Es ist unmöglich, alle Stücke der Lieferung zu prüfen (zu hoher Aufwand oder zerstörende Prüfung). Bei dieser Lieferung interessiert, ob die Gütebedingung eingehalten wurde. Wir entnehmen zufällig und voneinander unabhängig eine feste Anzahl von Elementen und prüfen diese. Die Anzahl X der Ausschußstücke in unserer „Stichprobe" ist eine Zufallsgröße, die näherungsweise binomialverteilt (asymptotisch normalverteilt) ist mit $EX = np$ und der Varianz $D^2X = np(1 - p)$. Die statistische Aufgabe besteht hier in einem Test der Hypothese $p \leqq p_0$ (Problem der statistischen Qualitätskontrolle).

Nach der Formulierung der statistischen Aufgabe, bei deren theoretischer Lösung die Auswertungsmethode für die Versuchsergebnisse festgelegt wird, ergeben sich dann sofort die Probleme der statistischen Versuchsplanung.

1.2.1. Auswahlproblem

Die Beobachtung einer Zufallsgröße geschieht häufig durch die Auswahl von Elementen aus einer Menge von in gewisser Beziehung gleichartigen Objekten, die anschließend einer Untersuchung oder einer Behandlung unterzogen werden, deren Ergebnis die Realisierung der Zufallsgröße ist (vgl. das Problem der statistischen Qualitätskontrolle, Beispiel 1.2). Die Auswahl dieser Elemente muß zufällig und unabhängig voneinander erfolgen, damit die Methoden der mathematischen Statistik repräsentative Ergebnisse liefern. Dabei heißt eine zufällige Auswahl, daß jedes Element der betrachteten Menge mit der gleichen Wahrscheinlichkeit in diese Auswahl gelangen kann, und unabhängig voneinander heißt, daß die bereits erhaltenen Ergebnisse keinen Einfluß auf die weitere Auswahl von Elementen haben.

Beispiel 1.3: Gegeben seien zwei Behandlungsmethoden A und B (z. B. zwei Futtermittel bei Schweinen oder zwei technologische Verfahren zur Aufbereitung von Bodenschätzen) und eine von ihnen beeinflußte Wirkung X (z. B. tägliche Gewichtszunahme der Tiere bzw. Feinheit eines gewonnenen Mahlgutes). Es soll untersucht werden, ob die Behandlung A eine bessere durchschnittliche Wirkung hat als B, d. h., ob

$$EX(A) = \mu_A > \mu_B = EX(B). \tag{1.2}$$

Vorausgesetzt sei, daß $X(A)$ und $X(B)$ normalverteilt mit der gleichen Varianz σ^2 sind. Es mögen $2n$ zufällig aus einer größeren Menge gleichartiger Versuchsobjekte ausgewählte Objekte (z. B. Tiere oder Mindestmengen für einen technologischen Durchlauf o. ä.) zur Verfügung stehen. Es ist offensichtlich, daß diese $2n$ Objekte wiederum zufällig je zur Hälfte den beiden Behandlungen zugeordnet werden sollten, damit der eventuell festgestellte Unterschied nicht im Zuordnungsverfahren seinen Grund hat.

Die Forderung nach einer zufälligen und unabhängigen Auswahl am konkreten Problem mit einer subjektiven Auswahl aufs Geratewohl zu erfüllen, bringt eine Reihe von Gefahren, die sogar die gesamte Untersuchung fragwürdig machen können. Wir überlegen uns leicht, daß bei einer solchen Auswahl aufs Geratewohl gerade die Sachkenntnis des Auswählenden und gewisse technische Probleme, z. B. der unterschiedlichen Zugänglichkeit der einzelnen Objekte, eine entscheidende Rolle spielen, selbst wenn wir vorausssetzen dürfen, daß der Auswählende eine zufällige und unabhängige Auswahl vornehmen will. Bekanntlich (vgl. Bd. 17) läßt sich mit der Benutzung von Zufallszahlen die Auswahl objektivieren und die genannte Forderung erfüllen. Denken wir uns die Objekte durchnumeriert und entnehmen wir einer Tabelle von Zufallszahlen eine entsprechende Anzahl von Zahlen, die dem gewünschten Stichprobenumfang entspricht. Die Objekte, deren gedachte Nummer unter diesen ausgewählten Zahlen vorkommt, werden in die Auswahl einbezogen.

Entsprechend verfahren wir, wenn wir vorgegebenen Objekten verschiedene Behandlungen zuordnen wollen.

Schließlich können wir auch solche Fälle betrachten, in denen die Reihenfolge der Versuchsdurchführung einen unerwünschten Einfluß auf die Ergebnisse haben kann (Veränderungen der Versuchsbedingungen im Tagesverlauf, Verschleißerscheinungen in der Versuchseinrichtung o. ä.). Auch hierbei können wir uns die einzelnen Versuche (Versuchsobjekte, Kombinationen von gewählten Versuchsbedingungen o. ä.) durchnumeriert denken. Die Reihenfolge für die Durchführung der Versuche legen wir entsprechend einer sukzessiven Auswahl aus einer Zufallszahlentabelle fest.

1.2.2. Problem der Einhaltung des Aussagebereiches

Ein weiteres Problem der Versuchsplanung hängt damit zusammen, daß genau die festgelegten Versuchsbedingungen eingehalten werden müssen und daß sich die als zufällig betrachteten Einflüsse auch nur zufällig ändern dürfen. Die Folgen, die ein Nichteinhalten der festgelegten Versuchsbedingungen hat, sind in der Regel dem Experimentator bewußt, und er wird in Zweifelsfällen die Einhaltung der Bedingungen entweder während des Versuches kontrollieren oder nachträglich anhand der Ergebnisse prüfen (z. B. mit einem Ausreißertest). Gefährlicher, weil in der Regel dem Experimentator nicht bewußt, sind die Folgen, die sich aus einer nicht zufälligen Änderung (z. B. auch aus einer Konstanz) gewisser, als zufällig betrachteter Einflüsse, ergeben. Diese Einflüsse gehen dann als determiniert in die Versuchsergebnisse ein, verändern also die Versuchsbedingungen und damit die beobachtete Zufallsgröße. Die statistischen Schlüsse aus den Ergebnissen gelten dann selbstverständlich nur unter diesen zusätzlichen Bedingungen, und das ist gleichbedeutend mit einer Einschränkung des Aussagebereiches.

Beispiel 1.4: Es ist die Genauigkeit eines chemischen Analyseverfahrens zu bestimmen. Vorgegeben werden verschiedene Testsubstanzen. Die nötigenfalls einer Umrechnung unterzogenen Meßergebnisse seien normalverteilt mit dem Erwartungswert Null (d. h., das Verfahren habe keinen systematischen Fehler) und der Varianz σ^2. Die Untersuchung wird von einem einzigen Experimentator in einem Labor durchgeführt. Die erhaltenen Ergebnisse gelten dann auch nur für diesen Experimentator in diesem Laboratorium, denn die Fähigkeit und die Sorgfalt des Experimentators wie auch die Arbeitsverhältnisse im Labor haben bekanntlich einen Einfluß auf die Meßergebnisse (persönlicher Fehler). Um die Genauigkeit des Verfahrens für beliebige Experimentatoren und beliebige Laboratorien festzustellen (um die Genauigkeit z. B. mit der eines bereits eingeführten Verfahrens zu vergleichen), müssen wir also dafür sorgen, daß der Einfluß des Experimentators und des Labors zufällig ist. Deshalb sollte das Verfahren von einer Anzahl zufällig ausgewählter Experimentatoren in ebenfalls zufällig herausgegriffenen Labors geprüft werden. Die Ergebnisse werden dann als gemeinsame Stichprobe ausgewertet. Die Auswahl kann mit der in Abschnitt 1.2.1. genannten Methode vorgenommen werden. Mit Problemen dieser Art beschäftigt sich die Stichprobentheorie (vgl. Cochran [1]).

Beispiel 1.5: Mehrere Weizensorten sind hinsichtlich ihres Ertrages zu vergleichen. Es gelten die Voraussetzungen, daß der Ertrag eine von der Sorte abhängige normalverteilte Zufallsgröße ist und die Varianzen aller dieser Zufallsgrößen gleich sind. Ein gegebenes Versuchsfeld werde in gleichbreite Streifen zerlegt, und die Weizensorten $A, B, C, D, \ldots$ werden den Streifen zugeordnet, so daß jede Sorte je einmal vorkommt, s. Bild 1.1.

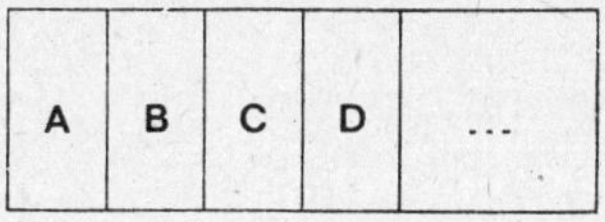

Bild 1.1

Es ist denkbar und in praktischen Fällen häufig, daß die Bodenverhältnisse sich vom linken zum rechten Feldrand systematisch ändern (vgl. Bild 1.1) und daß Ertragsunterschiede mehr von diesen unterschiedlichen Bodenverhältnissen als von den Sortenunterschieden herrühren können. Auch hier werden wir mit einer entsprechenden Aufteilung des Versuchsfeldes und anschließender zufälliger Zuordnung der Sorten zu den einzelnen Teilstücken diesen unerwünschten systematischen Einfluß des Bodens weitgehend auszublenden suchen. Entsprechende Methoden werden im Kapitel 3 behandelt.

Durch die Forderung nach einer Erweiterung des Aussagebereiches wird die Anzahl derjenigen Einflüsse erhöht, die als zufällig angenommen werden. Dies führt in der Regel zu einer Vergrößerung der Varianz der betrachteten Zufallsgrößen. Diese Erhöhung der Ungenauigkeit kann jedoch die erhaltenen Aussagen für den Experimentator unbrauchbar werden lassen.

Ein Ausweg ist hier die sogenannte Blockbildung. Zu einem Block gehören alle die Versuche, bei denen ein bestimmter oder mehrere bestimmte, als zufällig angesehene Einflüsse (wenigstens annähernd) als konstant angesehen werden dürfen. Wir können dann z. B. untersuchen, ob diese Einflüsse eine wesentliche Wirkung haben und erhalten gegebenenfalls Aussagen unter entsprechenden Zusatzbedingungen. Probleme dieser Art werden im Kapitel 3 untersucht.

1.2.3. Problem der Wahl der veränderlichen determinierten Versuchsbedingungen

Sehr häufig kommt es bei experimentellen Untersuchungen darauf an, die Wirkung einer Reihe von gegebenen determinierten und wählbaren Einflüssen $A, B, C, D, \ldots$ auf eine Kenngröße zu erforschen. Außer diesen determinierten Einflüssen sollen noch eine Reihe weiterer als zufällig betrachtete Einflüsse auf die Kenngröße wirken können. Als stochastisches Modell bietet sich in diesem Fall an, die Kenngröße als eine von den determinierten Einflüssen abhängige Zufallsgröße $Y(A, B, C, D, \ldots)$ aufzufassen, wobei häufig die vereinfachende Annahme gilt, daß

$$Y(A, B, C, D, \ldots) = f(A, B, C, D, \ldots) + \varepsilon \tag{1.3}$$

ist, wobei $EY(A, B, C, D, \ldots) = f(A, B, C, D, \ldots)$ und ε ein normalverteilter Fehler mit $E\varepsilon = 0$ und mit einer von $A, B, C, D, \ldots$ unabhängigen Varianz $D^2\varepsilon = \sigma^2$ ist (die Voraussetzung der Gleichheit der Varianzen ist sehr einschneidend und kann in einer Reihe von Fällen abgeschwächt werden).

Die statistische Aufgabe kann nun entweder darin bestehen, festzustellen, ob

$Y(A, B, C, D, \ldots)$ tatsächlich von $A, B, C, D, \ldots$ oder nur von einer gegebenen Teilmenge der Einflüsse abhängt (dies führt uns auf Signifikanztests), oder die Funktion $f(A, B, C, D, \ldots)$ ist näherungsweise zu bestimmen (dies bedeutet für uns, ein Schätzproblem für die unbekannte Funktion zu lösen).

Bei Modellen der Form (1.3) unterscheiden wir gewöhnlich zwischen Varianzanalysemodellen und Regressionsmodellen. Ein Unterscheidungsmerkmal zwischen diesen beiden Modelltypen ist dabei die Art der Einflüßfaktoren $A, B, C, D, \ldots$.

Im *Varianzanalysemodell* wird nicht angenommen, daß die Faktoren $A, B, C, \ldots$ (wir bezeichnen in der Varianzanalyse die Einflüsse $A, B, C, \ldots$ als Faktoren) quantitativ sind, jedoch wollen wir zulassen, daß jeder Faktor in gewissen Abstufungen auftreten kann. Auch wenn diese Abstufung quantitativ ist, spielen die entsprechenden Werte der betrachteten Stufen bei der Untersuchung keine Rolle.

Beispiel 1.6: Es sei der Einfluß sechs verschiedener Düngerkomponenten (also 6 Faktoren) auf den Ertrag einer gegebenen Weizensorte zu untersuchen. Aus sachlogischen Erwägungen heraus seien für jede Komponente nur vier verschiedene Dosierungen (das sind die Stufen) sinnvoll. Unter den Dosierungen soll auch die Dosierung 0 auftreten, d. h., eine Komponente tritt nicht auf. Zur Beschreibung des Sachverhaltes wählen wir ein Modell der Varianzanalyse und erhalten für den zufälligen Ertrag in Abhängigkeit von den verschiedenen Dosen und für jede Kombination der Düngerkomponenten die Darstellung

$$\begin{aligned} Y_{ijklmno} &= \mu + \alpha_{1i} + \alpha_{2j} + \cdots + \alpha_{6n} + \gamma_{12ij} + \cdots + \gamma_{56mn} \\ &+ \gamma_{123ijk} + \cdots + \gamma_{456lmn} + \gamma_{1234ijkl} + \cdots \\ &+ \gamma_{3456klmn} + \gamma_{12345ijklm} + \cdots \\ &+ \gamma_{23456jklmn} + \gamma_{123456ijklmn} + \varepsilon_{ijklmno}, \\ & i, j, k, l, m, n = 1, 2, 3, 4; \quad o = 1, 2, \ldots, r. \end{aligned} \tag{1.4}$$

Dabei bedeuten:

- μ – das allgemeine Gesamtmittel
- α_{ij} – die durch die j-te Dosierung (Stufe) der i-ten Komponenten (Faktor) verursachte Abweichung vom Gesamtmittel,
- $\gamma_{i_1 i_2 j_1 j_2}$ – die Wechselwirkung (hier zweiter Ordnung) der j_1-ten Stufe des i_1-ten Faktors mit der j_2-ten Stufe des i_2-ten Faktors usw.
- r – ist die Anzahl der Wiederholungen des Versuches mit der durch i, j, k, l, m, n gegebenen Kombination der Faktoren und deren Stufen.
- $\varepsilon_{ijklmno}$ – sind normalverteilte Fehler mit $E\varepsilon = 0$, mit der Varianz $D^2\varepsilon = \sigma^2$ (also unabhängig von einer bestimmten Kombination) und wenn der Fehler ε an zwei verschiedenen Stellen (d. h., die Indizes der Fehler unterscheiden sich an mindestens einer Stelle) betrachtet wird, so soll die Kovarianz der Fehler verschwinden, die Fehlergrößen sollen bei vorgegebener Normalverteilung unabhängig sein.

Die statistische Aufgabe besteht hierbei nun darin, zuerst (z. B. durch einen Test) festzustellen, welche der Faktoren $A, B, C, D, \ldots$ einen signifikanten Einfluß auf den Ertrag haben. Weiterhin ist dieser Einfluß auf den Ertrag durch eine Schätzung anzugeben. Eine der üblichen Möglichkeiten, solch einen Versuch zu planen, besteht darin, daß wir jeden Faktor auf jeder Stufe untersuchen. Wollen wir mit einer Einstellung jeweils nur einen Versuch ($r = 1$) durchführen, dann erhalten wir für sechs Faktoren auf vier Stufen insgesamt $4^6 = 4096$ Kombinationsmöglichkeiten, und somit müßten wir mindestens 4096 Versuche durchführen. Diese Anzahl dürfte die praktischen Möglichkeiten und Notwendigkeiten in jedem Fall um ein Vielfaches übersteigen. Eine Aufgabe der statistischen Versuchsplanung ist es nun, aus der Gesamtmenge der 4096 möglichen verschiedenen Versuche eine geeignete Auswahl zu treffen, so daß die notwendigen Tests und Schätzungen mit der gewünschten Güte durchgeführt werden können. Dabei wird eine wesentliche Rolle spielen, inwieweit gewisse Wechselwirkungen [vgl. Darstellung (1.4)] aus sachlogischen Gründen als vernachlässigbar angesehen werden können.

Im *Regressionsmodell* wird angenommen, daß die betrachteten Einflußgrößen sämtlich quantitativ sind. Es ist jedoch auch möglich, qualitative Größen zuzulassen, wenn für diese nur ihr Vorhandensein oder ihr Nichtvorhandensein von Interesse ist. Wir können dann die Quantifizierung 1 bzw. 0 wählen.

Beispiel 1.7: Für einen gegebenen chemischen Prozeß wollen wir die Abhängigkeit der Ausbeute η von der Reaktionszeit x_1 und der Reaktionstemperatur x_2 untersuchen. Aus theoretischen Überlegungen wissen wir, daß sich dieser Zusammenhang in der Form

$$\eta(x_1, x_2) = [1 + x_1 \exp(\vartheta_1 - \vartheta_2 x_2)]^{-1} \tag{1.5}$$

darstellen lassen müßte. Dabei sind ϑ_1 und ϑ_2 zwei unbekannte Prozeßparameter. Für jede mögliche Kombination der kontinuierlich veränderlichen Werte x_1 und x_2 definieren wir eine Zufallsgröße $Y(x_1, x_2)$:

$$Y(x_1, x_2) = \eta(x_1, x_2) + \varepsilon, \tag{1.6}$$

wobei ε ein normalverteilter zufälliger Fehler mit $E\varepsilon = 0$ und $D^2\varepsilon = \sigma^2$ (also von x_1 und x_2 unabhängiger Varianz) ist. Für zwei verschiedene Versuche mit gleichen oder mit verschiedenen Werten x_1, x_2 seien die entsprechenden Fehler ε unabhängig voneinander. Wir wählen zur Lösung der statistischen Aufgabe ein Regressionsmodell. Die Aufgabe besteht entweder darin, die sogenannte Wirkungsfläche $\eta(x_1, x_2)$ zu schätzen oder mit einem Test zu prüfen, ob die Parameter ϑ_1 und ϑ_2 gewisse vorgegebene Werte haben. So bedeutet z. B. die Hypothese $H_0 : \vartheta_2 = 0$, daß $\eta(x_1, x_2)$ von x_2 nicht abhängt, also $\eta(x_1, x_2) = \eta_1(x_1)$ gilt.

Bei dem betrachteten chemischen Prozeß hat die Wirkungsfläche bekanntlich eine Bedeutung für die Steuerung des Prozesses. Deshalb besteht eine Aufgabe der Versuchsplanung in diesem Fall darin, die sogenannten Versuchspunkte (x_{1i}, x_{2i}) $i = 1, \ldots, n$, an denen die Zufallsgrößen $Y(x_{1i}, x_{2i})$ beobachtet werden sollen, so festzulegen, daß eine Schätzung oder ein Test z. B. mit der erforderlichen Genauigkeit durchgeführt werden kann.

Für die Schätzung der Parameter in linearen Regressionsansätzen, d. h. für solche Typen von Wirkungsflächen, die in den unbekannten Parametern linear sind (nicht notwendig in den Einflußgrößen), gibt es eine gut ausgearbeitete Theorie (s. Abschnitt 1.3.). Schätzprobleme für in den Parametern nichtlineare Regressionsansätze betrachtet man entweder als nichtstatistische Approximationsprobleme, oder man linearisiert die Ansätze bezüglich der Parameter (z. B. durch eine Taylorformel). In beiden Fällen erhält man über die Eigenschaften der Schätzungen höchstens asymptotische Aussagen. Dementsprechend ist auch die Versuchsplanung für solche nichtlinearen Regressionsansätze wenig entwickelt. Daher ist es ratsam, lineare Regressionsansätze zu betrachten, die für das Beispiel 1.7 die Form

$$\tilde{\eta}(x_1, x_2, \vartheta_1, \ldots, \vartheta_k) = \sum_{i=1}^{k} \vartheta_i g_i(x_1, x_2) \tag{1.7}$$

haben können, wobei die $g_i(x_1, x_2)$ bekannte, im interessierenden Bereich stetige und linear unabhängige Funktionen sind. Gewöhnlich erreichen wir durch eine Entwicklung der unbekannten Wirkungsfläche in eine Taylorreihe mit Vernachlässigung des entsprechenden Restgliedes einen linearen Ansatz.

Falls kein sachlogisch begründeter Ansatz gegeben werden kann oder falls dieser eine komplizierte analytische Form hat, wählen wir zur Approximation in der Regel Polynomansätze in den Einflußfaktoren.

Im Kapitel 4 wird daher der Versuchsplanung für solche Regressionsansätze besondere Aufmerksamkeit geschenkt.

Denken wir uns die Faktoren und Stufen in einem Modell der Varianzanalyse als quantitative Faktoren x_ν (d. h., wir setzen $x_\nu = 1$, wenn der entsprechende Faktor oder die Stufe im Versuch auftritt, sonst sei $x_\nu = 0$), dann erhalten wir in den Faktoren x_ν einen unvollständigen Polynomansatz. Dieser Ansatz enthält die x_ν nur in den ersten Potenzen und außerdem alle möglichen Produkte dieser Faktoren, deren entsprechende Koeffizienten die Wechselwirkung zwischen den im Produkt vorhandenen Faktoren sind. Wir erkennen somit eine formale Übereinstimmung zwischen beiden Modellen (beide Modelle sind Spezialfälle des linearen Modells, vgl. Abschnitt 1.3.), die es uns ermöglicht, gleiche Planungsprinzipien für gewisse Modelle der Varianzanalyse und gewisse Regressionsmodelle anzuwenden.

1.2.4. Problem der Anzahl der Beobachtungen

Die Wahl des Stichprobenumfangs n beim Auswahlproblem (vgl. Beispiel 1.3) und beim Problem der Einhaltung des Aussagebereichs (vgl. Beispiele 1.4 und 1.5) sowie die Wahl der Anzahl der Versuchswiederholungen bei einer festen Faktor-Stufen-Kombination (vgl. Beispiel 1.6) und der Anzahl der Versuchspunkte im Regressionsmodell, d. h. der Wahl des Stichprobenumfangs (vgl. Beispiel 1.7), ist in vielen praktischen Fällen wohl das auffälligste Problem der Versuchsplanung. Hierbei treten die praktischen Möglichkeiten, die Beschränkungen durch das vorhandene Versuchsmaterial, die zur Verfügung stehenden Mittel an Material und Zeit unmittelbar und offensichtlich in die Betrachtung ein. Daraus ergeben sich Schranken für den *praktisch möglichen Stichprobenumfang*. Andererseits haben wir zu berücksichtigen, daß wir Zufallsgrößen zu beobachten haben und daß wir daher aus einer relativ geringen Zahl von Realisierungen kaum brauchbare Schlüsse ziehen können. So können wir z. B. aus einer einzigen Messung keine Aussage über die Genauigkeit des Meßverfahrens (wir haben hierbei das Problem der Schätzung der Varianz einer Zufallsgröße vorliegen) erhalten. Aus dem stochastischen Modell und der entsprechenden Lösung der statistischen Aufgabe ergibt sich also stets ein *mindestens notwendiger Stichprobenumfang*. In der Regel werden jedoch an die Güte der Aussagen gewisse Forderungen zu stellen sein, damit diese Aussagen auch als konkrete Schlußfolgerungen oder Empfehlungen praxiswirksam werden. So könnten wir etwa bei der Schätzung eines Parameters die erwartete Länge des Konfidenzintervalls vorgeben (vgl. Kapitel 2). Durch so eine Güteforderung wird ein *wünschenswerter Stichprobenumfang* definiert, der die Erfüllung dieser Forderung garantiert. Der Vergleich des praktisch möglichen mit dem mindestens notwendigen und dem wünschenswerten Stichprobenumfang führt in der Regel zu einem Kompromiß, eventuell sogar zu einer Änderung der Güteforderung, manchmal aber auch zu einer Änderung des verwendeten Modells. Den kleinsten wünschenswerten Stichprobenumfang wollen wir als *optimalen Stichprobenumfang* bezüglich der vorgegebenen Güteforderung bezeichnen, auf ihn bezieht sich das Kapitel 2.

Bei der Planung der Versuche für eine konkrete praktische Aufgabenstellung werden in der Regel alle vier oben genannten Probleme (Abschnitt 1.2.1.–1.2.4.) gleichzeitig auftreten.

Beispiel 1.8: Betrachten wir noch einmal das Beispiel 1.6. Die Ergebnisse der Auswertung sollen sich auf ein größeres Territorium mit unterschiedlichen lokalen Verhältnissen übertragen lassen. Dazu ist es notwendig, die entsprechenden Flächenstücke für den Versuch auszuwählen und diesen Teilflächen die entsprechende Düngerkombination zuzuordnen. Bei dieser Aufgabenstellung sind die Probleme der Auswahl der Flächen und die Zuordnung derselben zu den Düngerkombinationen sehr eng miteinander verknüpft (vgl. Abschnitt 1.2.1. und 1.2.2.). Weiterhin müssen wir, bevor wir den Versuch durchführen können, festlegen, wie groß die Anzahl der Wiederholungen sein soll, d. h., wieviel Flächenstücke mit der gleichen Düngerkombination bearbeitet werden sollen (vgl. Abschnitt 1.2.4.).

Schließlich sollen noch die mittleren Erträge in Abhängigkeit von den Düngergaben geschätzt werden. Dazu gehen wir zu einem Regressionsmodell über, in dem die genauen Dosen als Einflußgrößen auftreten. Damit haben wir für die Versuchsplanung noch die Wahl dieser veränderlichen determinierten Versuchsbedingungen vorzunehmen (vgl. Abschnitt 1.2.3.).

Abschließende Bemerkung:

Die Methode für die Auswertung der Versuchsergebnisse ist sehr eng mit dem gewählten stochastischen Modell verbunden. Von beiden hängt die Wahl der geeigneten Versuchsstrategie wesentlich ab. Bei der praktischen Durchführung der Versuche können sich jedoch auch nicht erwartete oder berücksichtigte Erscheinungen zeigen, so können z. B. Meßwerte ausfallen oder gewisse Versuchsbedingungen unrealisierbar werden. Es ist daher in jedem Falle ratsam, bei und nach der Durchführung der Versuche zu prüfen, ob die bei der Modellwahl und Versuchsplanung gemachten Voraussetzungen und Forderungen und die verwendeten Versuchspläne (also stochastisches Modell, Aussagebereich, Faktorkombinationen) auch eingehalten wurden. Falls dies nicht so ist, müssen wir ein anderes Modell anpassen und die Auswertung nach dem neuen Modell vornehmen. Dies ist jedoch häufig mit einem großen Verlust für die Aussagefähigkeit der Ergebnisse verbunden.

1.3. Einführung des linearen Modells

Schließen wir an die Betrachtungen des Abschnitts 1.2.3. an und führen wir diese Überlegungen weiter, dann ergibt sich die folgende statistische Aufgabenstellung: Über eine Funktion $\eta(x_1, \dots, x_k)$, $(x_1, \dots, x_k) \in B \subseteq R^k$, die sogenannte Wirkungsfläche, die von den k Einflußgrößen $x_1, \dots, x_k$ abhängt, sind gewisse Aussagen zu machen. Die Funktion kann punktweise mit einem gewissen zufälligen Fehler beobachtet werden. Die Beobachtungen (die Stichprobe)

$$Y_1 = Y(x_{11}, \dots, x_{1k}), \dots, Y_n = Y(x_{n1}, \dots, x_{nk}) \tag{1.8}$$

an den n Stellen $(x_{11}, \dots, x_{1k}), \dots, (x_{n1}, \dots, x_{nk})$ und die Darstellung

$$Y_i = \eta(x_{i1}, \dots, x_{ik}) + \varepsilon_i, \quad i = 1, 2, \dots, n, \tag{1.9}$$

bilden also eine mögliche Grundlage für die geforderten Aussagen.

Dabei wird wie üblich für die zufälligen Fehler $\varepsilon_i = \varepsilon(x_{i1}, \dots, x_{ik})$ vorausgesetzt, daß

$$\begin{aligned} &E\varepsilon_i = 0; \quad D^2\varepsilon_i = \sigma^2; \\ &\operatorname{cov}(\varepsilon_i, \varepsilon_j) = 0; \quad i \neq j; \quad i, j = 1, \dots, n. \end{aligned} \tag{1.10}$$

Weiterhin wird angenommen, daß eine Funktionenschar

$$\tilde{\eta}(x_1, \ldots, x_k, \vartheta_1, \ldots, \vartheta_r), \quad (\vartheta_1, \ldots, \vartheta_r) \in S \subseteq R^r, \tag{1.11}$$

bekannt ist, in der die unbekannte Wirkungsfläche enthalten ist, d. h., daß es ein $(\vartheta_1^*, \ldots, \vartheta_r^*)$ gibt mit

$$\tilde{\eta}(x_1, \ldots, x_k, \vartheta_1^*, \ldots, \vartheta_r^*) = \eta(x_1, \ldots, x_k). \tag{1.12}$$

Ein Ansatz mit der Eigenschaft (1.12) soll als wahrer Ansatz bezeichnet werden.

Damit eine mathematische Behandlung ohne allzugroße Schwierigkeiten möglich ist, setzen wir über den Ansatz weiterhin voraus, daß (1.11) nur linear von den Parametern $\vartheta_1, \ldots, \vartheta_r$ abhängt (vgl. auch Abschnitt 1.2.3.), also von der Form

$$\tilde{\eta}(x_1, \ldots, x_k, \vartheta_1, \ldots, \vartheta_r) = \vartheta_1 f_1(x_1, \ldots, x_k) + \ldots + \vartheta_r f_r(x_1, \ldots, x_k) \tag{1.13}$$

ist, wobei die $f_i(x_1, \ldots, x_k)$ bekannte Funktionen sind.

Zur übersichtlicheren und kürzeren Darstellung der folgenden Überlegungen wollen wir die Vektorschreibweise benutzen. Wir setzen $(x_1, \ldots, x_k) = \mathbf{x}^\mathrm{T}$ und $(\vartheta_1, \ldots, \vartheta_r) = \boldsymbol{\vartheta}^\mathrm{T}$ und fassen die Funktionen $f_i(\mathbf{x})$ zusammen zu $(f_1(\mathbf{x}), \ldots; f_r(\mathbf{x})) = \mathbf{f}(\mathbf{x})^\mathrm{T}$. Die Stichprobe (1.8) läßt sich kurz als $(Y_1, \ldots, Y_n) = \mathcal{Y}^\mathrm{T}$ schreiben. Für die Beobachtungspunkte $(x_{i1}, \ldots, x_{ik}) = \mathbf{x}_i{}^\mathrm{T}$ wird aus (1.13) $\tilde{\eta}(\mathbf{x}_i, \boldsymbol{\vartheta}) = \mathbf{f}(\mathbf{x}_i)^\mathrm{T}\boldsymbol{\vartheta}$. Mit dem Fehlervektor $\boldsymbol{\varepsilon} = (\varepsilon_1, \ldots, \varepsilon_n)^\mathrm{T}$ und der Matrix

$$\mathbf{F} = \begin{pmatrix} f_1(\mathbf{x}_1) \cdots f_r(\mathbf{x}_1) \\ \cdot \qquad \cdot \\ \cdot \qquad \cdot \\ \cdot \qquad \cdot \\ f_1(\mathbf{x}_n) \cdots f_r(\mathbf{x}_n) \end{pmatrix} = (\mathbf{f}(\mathbf{x}_1), \ldots, \mathbf{f}(\mathbf{x}_n))^\mathrm{T} \tag{1.14}$$

erhalten wir für (1.9) die Darstellung

$$\mathcal{Y} = \mathbf{F}\boldsymbol{\vartheta} + \boldsymbol{\varepsilon}. \tag{1.15}$$

Der Ausdruck (1.15) zusammen mit (1.10) und eventuellen Voraussetzungen über die Verteilung von $\boldsymbol{\varepsilon}$ wird als *lineares Modell* bezeichnet.

Betrachten wir die Beispiele im Abschnitt 1.2.3, dann stellen wir fest, daß sowohl die Varianzanalyse als auch die Regressionsanalyse spezielle lineare Modelle darstellen.

In vielen Fällen wird es sich als günstig erweisen, Polynome der Einflußgrößen als Ansatz für die Wirkungsfunktion $\eta(\mathbf{x})$ zu verwenden. Dabei können wir uns diese Polynome entstanden denken durch eine Entwicklung von $\eta(\mathbf{x})$ in eine Taylor- (bzw. Fourier-) Reihe, die hinreichend schnell konvergiert und deshalb nach einer endlichen Teilsumme abgebrochen werden darf. Wir werden im weiteren zwei Typen solcher Polynome verwenden. Unter einen *Polynom vom Grad d* wollen wir ein Polynom verstehen, bei dem die größte Summe der Exponenten eines Summanden gleich d ist. Allgemein also

$$\begin{aligned} \tilde{\eta}(\mathbf{x}, \boldsymbol{\vartheta}) = \vartheta_0 + \vartheta_1 x_1 + \cdots + \vartheta_k x_k + \vartheta_{12} x_1 x_2 + \cdots + \vartheta_{(k-1)k} x_{k-1} x_k \\ + \cdots + \vartheta_{11} x_1^2 + \cdots + \vartheta_{kk} x_k^2 + \cdots + \vartheta_{m\cdots mp\cdots p} x_m^{d-s} x_p^s \\ + \cdots + \vartheta_{k\cdots k} x_k^d. \end{aligned} \tag{1.16}$$

So ein Ansatz der Form (1.16) besitzt $\binom{k+d}{d}$ unbekannte Koeffizienten. Die Koeffizienten $\vartheta_{12}, \ldots, \vartheta_{(k-1)k}$ werden dabei als zweifaktorielle Wechselwirkungen der

Einflußgrößen x_i und x_j $(i, j = 1, \dots, k, i \neq j)$ bezeichnet. Analog drücken die Koeffizienten $\vartheta_{i_1 \dots i_d}$ die mehrfaktoriellen Wechselwirkungen zwischen den entsprechenden Einflußgrößen aus. Für $k = 2$ und $d = 2$ erhalten wir aus (1.16) den speziellen Ansatz

$$\tilde{\eta}(\mathbf{x}, \boldsymbol{\vartheta}) = \vartheta_0 + \vartheta_1 x_1 + \vartheta_2 x_2 + \vartheta_{12} x_1 x_2 + \vartheta_{11} x_1^2 + \vartheta_{22} x_2^2 \tag{1.17}$$

mit $\binom{2+2}{2} = \binom{4}{2} = 6$ Koeffizienten.

Dagegen verstehen wir unter einem *Polynom vom Grad d in jeder Variablen* ein Polynom der Form

$$\begin{aligned}\tilde{\eta}(\mathbf{x}, \boldsymbol{\vartheta}) = {} & \vartheta_0 + \vartheta_1 x_1 + \cdots + \vartheta_d x_1^d + \vartheta_{d+1} x_2 + \cdots + \vartheta_{2d} x_2^d + \cdots \\ & + \vartheta_{(k-1)d+1} x_k + \cdots + \vartheta_{kd} x_k^d + \cdots + \vartheta_l x_1^d x_2^d + \cdots \\ & + \vartheta_m x_1^d x_2^d \cdots x_k^d,\end{aligned} \tag{1.18}$$

d. h., für jede Variable tritt ein Polynom vom Grad d auf, wenn die anderen Einflußgrößen als fest betrachtet werden. Ein Polynom der Form (1.18) besitzt $(d + 1)^k$ unbekannte Koeffizienten. Für $k = 2$ und $d = 2$ wird aus (1.18) das spezielle Polynom mit $(2 + 1)^2 = 9$ Koeffizienten

$$\begin{aligned}\tilde{\eta}(\mathbf{x}, \boldsymbol{\vartheta}) = {} & \vartheta_0 + \vartheta_1 x_1 + \vartheta_2 x_1^2 + \vartheta_3 x_2 + \vartheta_4 x_2^2 + \vartheta_5 x_1 x_2 + \vartheta_6 x_1 x_2^2 \\ & + \vartheta_7 x_1^2 x_2 + \vartheta_8 x_1^2 x_2^2.\end{aligned} \tag{1.19}$$

Wir werden sehr häufig Polynome vom Grad $d = 1$ verwenden. Aus (1.16) erhalten wir das Polynom vom Grad 1

$$\tilde{\eta}(\mathbf{x}, \boldsymbol{\vartheta}) = \vartheta_0 + \vartheta_1 x_1 + \vartheta_2 x_2 + \cdots + \vartheta_k x_k \tag{1.20}$$

und für $k = 2$ aus (1.18) das Polynom vom Grad 1 in jeder Variablen

$$\tilde{\eta}(\mathbf{x}, \boldsymbol{\vartheta}) = \vartheta_0 + \vartheta_1 x_1 + \vartheta_2 x_2 + \vartheta_{12} x_1 x_2 . \tag{1.21}$$

Durch eine einfache Umbenennung der Funktionen $f_i(x_1, \dots, x_k)$ und der Parameter $\vartheta_1, \dots, \vartheta_r$ läßt sich eine formale Übereinstimmung der Ansätze (1.16) und (1.18) mit (1.13) herstellen. Ist z. B.

$$\begin{aligned} & f_1(x_1, \dots, x_k) = x_0 \equiv 1, \quad f_2(x_1, \dots, x_k) = x_1, \\ & f_3(x_1, \dots, x_k) = x_2, \quad f_4(x_1, \dots, x_k) = x_1 x_2, \\ & f_5(x_1, \dots, x_k) = x_1^2, \quad f_6(x_1, \dots, x_k) = x_2^2 \quad \text{und} \\ & \vartheta_1 = \vartheta_0', \quad \vartheta_2 = \vartheta_1', \quad \vartheta_3 = \vartheta_2', \quad \vartheta_4 = \vartheta_{12}', \quad \vartheta_5 = \vartheta_{11}', \quad \vartheta_6 = \vartheta_{22}', \end{aligned}$$

dann ergibt sich aus (1.13) der spezielle Ansatz (1.17). Die hierbei eingeführte Variable x_0 ist eine Scheinvariable, die stets den Wert 1 besitzt. Dieses x_0 können wir uns bei den Ansätzen (1.16) und (1.18) zu ϑ_0 hinzumultipliziert denken.

1.3.1. Regressionsanalyse

Der Bereich B, in dem der Vektor der Einflußgrößen variiert, sei beschränkt und abgeschlossen, die Funktionen $f_i(\mathbf{x})$ $(i = 1, \dots, r)$ stetig und linear unabhängig. Ist für die Schätzung der Wirkungsfunktion $\eta(\mathbf{x})$ ein linearer Ansatz der Form (1.13) gegeben, dann wird die Schätzung von $\eta(\mathbf{x})$ zurückgeführt auf eine Schätzung der Parameter ϑ_i ($i = 1, \ldots, r$) des Ansatzes $\tilde{\eta}(\mathbf{x}, \boldsymbol{\vartheta})$. Unter den Voraussetzungen (1.10) über den zufälligen Fehler hat die Kovarianzmatrix des Stichprobenvektors $\mathcal{Y}$ die spezielle Form

$$\mathbf{B}_{\mathcal{Y}} = E(\mathcal{Y} - E\mathcal{Y})(\mathcal{Y} - E\mathcal{Y})^{\mathrm{T}} = \sigma^2 \mathbf{E}_n. \tag{1.22}$$

Wegen (1.22) können wir zur Schätzung des Parametervektors $\boldsymbol{\vartheta}$ die Methode der kleinsten Quadrate (MkQ) (vgl. z. B. Rasch [1]) anwenden. Bei dieser Methode wählen wir für $\vartheta_i \in S$ solche Parameterwerte $\hat{\vartheta}_i$ in der Menge S der zulässigen Parameter, für die die Summe der Abweichungsquadrate

$$\sum_{i=1}^{n} (y(\mathbf{x}_i) - \tilde{\eta}(\mathbf{x}_i, \hat{\boldsymbol{\vartheta}}))^2 \tag{1.23}$$

minimal wird. Verwenden wir die Matrizenschreibweise, dann geht (1.23) mit (1.14) und mit der Realisierung $\boldsymbol{y}$ des Stichprobenvektors $\mathcal{Y}$ über in

$$(\boldsymbol{y} - \mathbf{F}\hat{\boldsymbol{\vartheta}})^{\mathrm{T}} (\boldsymbol{y} - \mathbf{F}\hat{\boldsymbol{\vartheta}}). \tag{1.24}$$

Aus der notwendigen Bedingung für ein relatives Minimum von (1.24) erhalten wir [Nullsetzen des Gradienten von (1.24)] das System der Normalgleichungen

$$\mathbf{F}^{\mathrm{T}}\mathbf{F}\hat{\boldsymbol{\vartheta}} = \mathbf{F}^{\mathrm{T}}\boldsymbol{y}. \tag{1.25}$$

Wenn die Matrix $\mathbf{F}^{\mathrm{T}}\mathbf{F}$ von vollem Rang ist, d. h. $\operatorname{Rg} \mathbf{F}^{\mathrm{T}}\mathbf{F} = r \leqq n$, dann läßt sich bekanntlich das System (1.25) eindeutig lösen. Der Lösungsvektor $\hat{\boldsymbol{\vartheta}}$ hängt linear von den Realisierungen $\boldsymbol{y}$ des Zufallsvektors $\mathcal{Y}$ ab, ist also selbst Realisierung des entsprechenden Zufallsvektors $\hat{\boldsymbol{\Theta}}$. Die Lösung von (1.25) ist somit

$$\hat{\boldsymbol{\Theta}} = (\mathbf{F}^{\mathrm{T}}\mathbf{F})^{-1}\mathbf{F}^{\mathrm{T}}\mathcal{Y} \tag{1.26}$$

und mit $\hat{\boldsymbol{\Theta}}$ ist

$$\hat{Y}(\mathbf{x}) = \tilde{\eta}(\mathbf{x}, \hat{\boldsymbol{\Theta}}) = \mathbf{f}^{\mathrm{T}}(\mathbf{x})\hat{\boldsymbol{\Theta}} \tag{1.27}$$

eine Schätzung für die Wirkungsfläche $\eta(\mathbf{x})$. Die Schätzung (1.26) ist wegen $E\hat{\boldsymbol{\Theta}} = \boldsymbol{\vartheta}$ erwartungstreu und besitzt die Kovarianzmatrix

$$\mathbf{B}_{\hat{\boldsymbol{\Theta}}} = \sigma^2(\mathbf{F}^{\mathrm{T}}\mathbf{F})^{-1}. \tag{1.28}$$

Die Schätzung (1.27) ist ebenfalls erwartungstreu, die Varianz ist eine Funktion von $\mathbf{x}$ der Form

$$D^2\hat{Y}(\mathbf{x}) = \sigma^2\mathbf{f}^{\mathrm{T}}(\mathbf{x})(\mathbf{F}^{\mathrm{T}}\mathbf{F})^{-1}\mathbf{f}(\mathbf{x}). \tag{1.29}$$

[(1.29) werden wir deshalb als *Varianzfunktion* bezeichnen]. Der Parameter σ^2 in (1.22) wird geschätzt durch

$$S_R^2 = S^2/(n - r),$$

wobei S^2 die Summe der quadratischen Abweichungen

$$S^2 = (\mathcal{Y} - \mathbf{F}\hat{\boldsymbol{\Theta}})^{\mathrm{T}} (\mathcal{Y} - \mathbf{F}\hat{\boldsymbol{\Theta}})$$

ist. Die Schätzung S_R^2 wird auch als *Restvarianz* bezeichnet, und es genügt bekanntlich $(n - r)\, S_R^2/\sigma^2$ einer χ^2-Verteilung mit dem Parameter $(n - r)$.

Als einfachsten Spezialfall wollen wir einen Ansatz der Form

$$\tilde{\eta}(x, \hat{\boldsymbol{\vartheta}}) = \vartheta_0 + \vartheta_1 x \tag{1.30}$$

betrachten. Dieser Ansatz wird z. B. beim Problem der besten Geraden benutzt.
Für (1.30) ist die Matrix **F** von der Form

$$\mathbf{F}^{\mathrm{T}} = \begin{pmatrix} 1 \ldots 1 \\ x_1 \ldots x_n \end{pmatrix} \tag{1.31}$$

und $\mathbf{F}^{\mathrm{T}}\mathbf{F}$ ist

$$\mathbf{F}^{\mathrm{T}}\mathbf{F} = \begin{pmatrix} n & \sum_{i=1}^{n} x_i \\ \sum_{i=1}^{n} x_i & \sum_{i=1}^{n} x_i^2 \end{pmatrix}. \tag{1.32}$$

Falls an mindestens zwei verschiedenen Punkten Messungen durchgeführt werden sollen, ist die Matrix $\mathbf{F}^{\mathrm{T}}\mathbf{F}$ regulär, und es existiert die Inverse $(\mathbf{F}^{\mathrm{T}}\mathbf{F})^{-1}$. Wir erhalten die Schätzung des Parametervektors

$$\hat{\boldsymbol{\Theta}} = \begin{pmatrix} \hat{\Theta}_0 \\ \hat{\Theta}_1 \end{pmatrix} = \left[n \sum_{i=1}^{n} x_i^2 - \left(\sum_{i=1}^{n} x_i \right)^2 \right]^{-1} \begin{pmatrix} \sum_{i=1}^{n} x_i^2 & -\sum_{i=1}^{n} x_i \\ -\sum_{i=1}^{n} x_i & n \end{pmatrix} \begin{pmatrix} \sum_{i=1}^{n} Y_i \\ \sum_{i=1}^{n} Y_i x_i \end{pmatrix},$$

also

$$\hat{\Theta}_0 = \frac{1}{n} \sum_{i=1}^{n} Y_i - \hat{\Theta}_1 \frac{1}{n} \sum_{i=1}^{n} x_i, \tag{1.33}$$

$$\hat{\Theta}_1 = \frac{\sum_{i=1}^{n} x_i Y_i - \frac{1}{n} \sum_{i=1}^{n} x_i \sum_{i=1}^{n} Y_i}{\sum_{i=1}^{n} x_i^2 - \frac{1}{n} \left(\sum_{i=1}^{n} x_i \right)^2} \tag{1.34}$$

mit der Kovarianzmatrix

$$\mathbf{B}_{\hat{\boldsymbol{\Theta}}} = \frac{\sigma^2}{n \sum_{i=1}^{n} x_i^2 - \left(\sum_{i=1}^{n} x_i \right)^2} \begin{pmatrix} \sum_{i=1}^{n} x_i^2 & -\sum_{i=1}^{n} x_i \\ -\sum_{i=1}^{n} x_i & n \end{pmatrix}, \tag{1.35}$$

Die Wirkungsfläche $\eta(x)$ wird geschätzt durch

$$\hat{Y}(x) = \hat{\Theta}_0 + \hat{\Theta}_1 x,$$

wobei diese Schätzung die Varianzfunktion

$$D^2 \hat{Y}(x) = \sigma^2 \frac{\sum_{i=1}^{n} x_i^2 - 2x \sum_{i=1}^{n} x_i + n x^2}{n \sum_{i=1}^{n} x_i^2 - \left(\sum_{i=1}^{n} x_i \right)^2} \tag{1.36}$$

besitzt.

Der Parameter σ^2 kann dabei durch die Restvarianz

$$S_R^2 = \frac{1}{n-2} \sum_{i=1}^{n} (Y_i - \hat{\Theta}_0 - \hat{\Theta}_1 x_i)^2$$

$$= \frac{1}{n-2} \left\{ \sum_{i=1}^{n} Y_i^2 - \frac{1}{n} \left(\sum_{i=1}^{n} Y_i \right)^2 - \hat{\Theta}_1^2 \left[\sum_{i=1}^{n} x_i^2 - \frac{1}{n} \left(\sum_{i=1}^{n} x_i \right)^2 \right] \right\}$$

geschätzt werden, wobei $(n - 2)\, S_R^2/\sigma^2$ einer χ^2-Verteilung mit dem Parameter $(n - 2)$ genügt.

1.3.2. Varianzanalyse

Bei der Varianzanalyse werden *Faktoren* $A_1, A_2, A_3, \ldots, A_q$ betrachtet, die eventuell noch auf verschiedenen *Stufen* $A_i^{(1)}, A_i^{(2)}, \ldots, A_i^{(p_i)}$ auftreten können. Um die übliche Form (1.4) des Varianzanalysemodells als Spezialfall des allgemeinen linearen Modells (1.15) zu erkennen, führen wir die Einflußgrößen $x_i^{(j)}$ ein, die nur die Werte 0 oder 1 annehmen können. Dabei bedeutet $x_i^{(j)} = 1$, daß der i-te Einflußfaktor A_i auf der j-ten Stufe $A_i^{(j)}$ im Versuch auftritt.

Wenn z. B. jeder der q Faktoren über die gleiche Zahl von p Stufen verfügt, dann erhalten wir einen Einflußgrößenvektor

$$\mathbf{x}^{\mathrm{T}} = (x_1^{(1)}, \ldots, x_1^{(p)}, x_2^{(1)}, \ldots, x_2^{(p)}, \ldots, x_q^{(1)}, \ldots, x_q^{(p)})$$

der Dimension pq, jedoch umfaßt der Definitionsbereich B jetzt nur die Punkte im R^{pq}, deren Koordinaten 0 oder 1 sind. Da ein Faktor A_i in einem Versuch nur auf einer Stufe auftreten kann, gilt für jeden Versuchspunkt $\mathbf{x}_m$, $m = 1, \ldots, n$,

$$\sum_{j=1}^{p} x_{im}^{(j)} = 1, \qquad i = 1, 2, \ldots, q.$$

Als Ansatz haben wir ein Polynom vom Grade 1 in jeder der pq Variablen [vgl. (1.18)] zu wählen, da wir Potenzen von $x_i^{(j)}$ auf dem Definitionsbereich nicht unterscheiden können. Für $q = 6$ und $p = 4$ erhalten wir speziell die Darstellung (1.4), wobei bei jedem Versuch nur die Koeffizienten angegeben sind, für die die Einflußgrößen gerade gleich 1 sind. Dabei haben wir die Anzahl der Wiederholungen r ebenfalls als 1 gedacht.

Betrachten wir ein anderes, einfacheres Beispiel mit $q = 1$, jedoch mit der Möglichkeit, auf jeder Stufe $A_1^{(j)}$ n_j Versuche durchzuführen. Es sei

$$Y_{jm} = \eta(\mathbf{x}_m^{(j)}, \boldsymbol{\vartheta}) + \varepsilon_m \tag{1.37}$$

mit $x_{1m}^{(j)} = 1$, d. h.

$$\mathbf{x}_m^{(j)} = (0, 0, \ldots, \underset{j\text{-te Koordinate}}{1}, \ldots, 0)^{\mathrm{T}}.$$

Dann ist der Stichprobenvektor von der Form

$$\mathcal{Y}^{\mathrm{T}} = (Y_{11}, \ldots, Y_{1n_1}, Y_{21}, \ldots, Y_{2n_2}, \ldots, Y_{p1}, \ldots, Y_{pn_p}),$$

und die Matrix $\mathbf{F}$ hat die spezielle Gestalt (vgl. die Bezeichnung im Abschnitt 1.3.)

$$\mathbf{F} = \begin{bmatrix} 1 & 1 & 0 & \cdots & 0 \\ \cdots \\ 1 & 1 & 0 & \cdots & 0 \\ 1 & 0 & 1 & \cdots & 0 \\ \cdots \\ 1 & 0 & 1 & \cdots & 0 \\ \cdots \\ 1 & 0 & 0 & \cdots & 1 \\ \cdots \\ 1 & 0 & 0 & \cdots & 1 \end{bmatrix}. \tag{1.38}$$

Die Spalten der Matrix **F** entsprechen dabei den p Stufen des Faktors, die erste Spalte enthält die Scheinvariable $x_0 \equiv 1$. Mit dem speziellen Stichprobenvektor $\mathcal{Y}$ und der Matrix (1.38) formulieren wir die (1.15) entsprechende Darstellung für $\mathcal{Y} = \mathbf{F}\boldsymbol{\vartheta} + \boldsymbol{\varepsilon}$. Diese Form macht es möglich, das Problem der Schätzung für $\boldsymbol{\vartheta}$ aufzuwerfen, d. h. es als Regressionsaufgabe zu deuten.

Es kommt häufig vor, daß in einem linearen Modell sowohl Einflußgrößen auftreten, die nur die Werte 0 und 1 annehmen, als auch Einflußgrößen mit Werten aus entsprechenden Intervallen. Solche Modelle nennt man Kovarianzanalysemodelle und behandelt mit ihnen sowohl Regressionsprobleme als auch Varianzanalyseprobleme.

Schreiben wir die Komponenten des Stichprobenvektors im Spezialfall (1.38) auf und benutzen dabei die in der Varianzanalyse übliche Bezeichnung der Parameter $\boldsymbol{\vartheta}^{\mathsf{T}} = (\mu, \alpha_1, \alpha_2, \ldots, \alpha_p)$, dann ergibt sich

$$Y_{ij} = \mu + \alpha_i + \varepsilon_{ij}, \quad i = 1, \ldots, p, \quad j = 1, \ldots, n_i. \tag{1.39}$$

Einen Ansatz der Form (1.39) wollen wir als Modell der einfachen Klassifikation bezeichnen, die Parameter α_i heißen *Effekte* des Faktors auf der i-ten Stufe, der Parameter μ bezeichnet das Gesamtmittel (α_i drückt auch die Abweichung des Erwartungswertes der i-ten Stufe vom Gesamtmittel aus).

Sollen Schätzungen für die Effekte α_i ermittelt werden, dann müssen wir beachten, daß die Matrix **F** gemäß (1.38) vom Rang Rg $\mathbf{F} = p < p + 1$ ist, die Inverse von $\mathbf{F}^{\mathsf{T}}\mathbf{F}$ also nicht existiert. Durch Hinzunahme einer zusätzlichen Bedingung, die als Reparametrisierungsbedingung bezeichnet wird, erreichen wir, daß die um diese Bedingung erweiterte Matrix **F** regulär ist, eine eindeutige Schätzung der Parameter nach der Methode der kleinsten Quadrate also möglich ist. Für die einfache Klassifikation lautet diese Reparametrisierungsbedingung

$$\sum_{i=1}^{p} \alpha_i = 0. \tag{1.40}$$

Haben wir bei der Analyse der Beobachtungswerte nicht nur einen Faktor, sondern die Wirkung zweier Faktoren zu berücksichtigen, dann erhalten wir durch analoge

Überlegungen mit (1.21) für (1.37) die Darstellung

$$Y_{ijl} = \mu + \alpha_i + \beta_j + \varepsilon_{ijl}, \qquad (1.41)$$
$$i = 1, \ldots, p_1, j = 1, \ldots, p_2, l = 1, \ldots, n,$$

wobei der eine Faktor auf p_1 Stufen und der andere Faktor auf p_2 Stufen vorkommen kann, für jede Stufenkombination liegen n Versuchsergebnisse vor. Ein Modell der Form (1.41) wird als zweifache Klassifikation bezeichnet, den speziellen Fall $l = 1$ werden wir in Kapitel 3 benötigen. Legen wir unseren Betrachtungen als Ansatz ein Polynom 1. Grades in jeder Variablen zugrunde, also ein Polynom der Form

$$\tilde{\eta}(\mathbf{x}, \vartheta) = \vartheta_0 + \vartheta_1 x_1 + \cdots + \vartheta_k x_k + \vartheta_{12} x_1 x_2 + \cdots + \vartheta_{(k-1)k} x_{k-1} x_k,$$

dann gelangen wir zu einer zweifachen Klassifikation, die durch die Beziehung

$$Y_{ijl} = \mu + \alpha_i + \beta_j + \gamma_{ij} + \varepsilon_{ijl}, \qquad (1.42)$$
$$i = 1, \ldots, p_1, \quad j = 1, \ldots, p_2, \quad l = 1, \ldots, n,$$

beschrieben wird. Die Koeffizienten γ_{ij} werden dabei als Wechselwirkung des einen Faktors auf der i-ten Stufe mit dem zweiten Faktor auf der j-ten Stufe bezeichnet. Zur Schätzung der Effekte bei einer zweifachen Klassifikation benutzen wir die Reparametrisierungsbedingungen

$$\sum_{i=1}^{p_1} \alpha_i = 0, \quad \sum_{i=1}^{p_2} \beta_i = 0 \quad \text{für (1.41)} \qquad (1.43)$$

und dazu noch

$$\sum_{i=1}^{p_1} \gamma_{ij} = 0 \quad (j = 1, \ldots, p_2), \qquad (1.44)$$

$$\sum_{j=1}^{p_2} \gamma_{ij} = 0 \quad (i = 1, \ldots, p_1) \quad \text{für (1.42)}.$$

Entsprechende Überlegungen führen zu einer dreifachen Klassifikation, von der wir hier nur den Spezialfall

$$Y_{iju} = \mu + \alpha_i + \beta_j + \gamma_u + \varepsilon_{iju}, \qquad (1.45)$$
$$i = 1, \ldots, p_1, \quad j = 1, \ldots, p_2, \quad u = 1, \ldots, p_3,$$

angeben wollen. Zu (1.45) gehören die Reparametrisierungsbedingungen

$$\sum_{i=1}^{p_1} \alpha_i = \sum_{j=1}^{p_2} \beta_j = \sum_{u=1}^{p_3} \gamma_u = 0. \qquad (1.46)$$

Weiterhin werden wir auch die spezielle vierfache Klassifikation

$$Y_{ijuv} = \mu + \alpha_i + \beta_j + \gamma_u + \delta_v + \varepsilon_{ijuv}, \qquad (1.47)$$
$$i = 1, \ldots, p_1, \quad j = 1, \ldots, p_2, \quad u = 1, \ldots, p_3, \quad v = 1, \ldots, p_4,$$

mit den Reparametrisierungsbedingungen

$$\sum_{i=1}^{p_1} \alpha_i = \sum_{j=1}^{p_2} \beta_j = \sum_{u=1}^{p_3} \gamma_u = \sum_{v=1}^{p_4} \delta_v = 0 \qquad (1.48)$$

anwenden.

Eine der hauptsächlichsten Aufgaben bei der Auswertung von Versuchen mit Modellen der Varianzanalyse ist die Durchführung von Testen auf eine Gleichheit gewisser Effekte. Um so einen Test durchführen zu können, benötigen wir die folgenden Voraussetzungen über den zufälligen Fehler ε.

Es sei

$$\begin{aligned}&\varepsilon_t \text{ normalverteilt mit}\\&E\varepsilon_t = 0, \quad D^2\varepsilon_t = \sigma^2 \quad \text{und} \quad \operatorname{cov}(\varepsilon_t, \varepsilon_{t'}) = 0\\&\text{für } t \neq t',\end{aligned} \tag{1.49}$$

wobei $t \in T$ und T eine entsprechende Indexmenge ist (bei der zweifachen Klassifikation (1.41) ist z. B. $t \equiv ijl$).

Mit der Voraussetzung (1.49) können wir nun beispielsweise die Hypothese $H_0: \alpha_1 = \alpha_2 = \cdots = \alpha_{p_1}$ gegen die Alternativhypothese $H_A: \alpha_i \neq \alpha_j$ für mindestens ein i und j mit $i \neq j$ testen. Die entsprechende Testgröße genügt einer F-Verteilung. Für die Durchführung des Tests verweisen wir auf die entsprechende Literatur (z. B.: Ahrens [1], Rasch [1], Scheffé [1]). Bei einer zweifachen Klassifikation (1.42) können wir außerdem noch die Nullhypothesen $H_0': \beta_1 = \beta_2 = \cdots = \beta_{p_2}$ und $H_0'': \gamma_{12} = \gamma_{13} = \cdots = \gamma_{p_1 p_2}$ gegen die entsprechenden Alternativhypothesen testen.

Zur Klärung gewisser Fragen bei der Planung von Versuchen (z. B. die Anzahl der wirkenden Faktoren oder Aussagen über den Versuchsfehler) ist es häufig zweckmäßig, einen Versuch durchzuführen, bei dem ein betrachteter Faktor nur auf einer Stufe vorkommt (o. B. d. A. $x_i^{(j)} = 0$ für alle j), also konstant gehalten wird. Wir sprechen in so einem Fall von einem *Blindversuch*.

1.4. Versuchsplanung als Entscheidungsproblem

Die verschiedenen im Abschnitt 1.2. vorgestellten Probleme der statistischen Versuchsplanung lassen sich alle einheitlich im Rahmen der statistischen Entscheidungstheorie (vgl. Bd. 21) darstellen. Die mathematische Struktur dieser Probleme der Versuchsplanung wird dadurch besonders deutlich und ermöglicht es, Verbindungen zwischen den Problemen und zu den anderen Teilgebieten der Mathematik aufzuzeigen, eine praktisch realisierbare Vorgehensweise festzulegen und Verfahren zur Lösung der Aufgabenstellungen zu formulieren.

Wir wollen nun die Versuchsplanung in Termen der statistischen Entscheidungstheorie darstellen. Die Charakterisierung aller möglichen verschiedenen Zustände, die bei einem zu untersuchenden Sachverhalt auftreten können, wollen wir in einer gegebenen Menge Z, die wir als Menge der „Zustände der Natur" bezeichnen, zusammenfassen. Die Menge Z enthält z. B. alle möglichen Werte eines Parameters. Eine Menge A, die ebenfalls gegeben ist und die wir als Menge der „Aktionen des Statistikers" bezeichnen, enthält die Entscheidungen, die über den zu untersuchenden Sachverhalt getroffen werden können, z. B. alle möglichen Schätzwerte für einen Parameter oder alle möglichen Entscheidungen über eine Hypothese bei einem Test. Die Natur wählt nun einen Zustand $\zeta \in Z$, der dem Statistiker unbekannt ist. Der Statistiker kann sich aber über den Zustand der Natur Informationen durch die Beobachtung eines Zufallselements Y_ζ beschaffen. Die Verteilung von Y_ζ hängt vom wahren Zustand ζ der Natur ab. Läßt sich nun dieses Zufallselement Y_ζ aus einer gegebenen Menge $\{Y_\zeta(c), c \in C\}$ wählen, wobei C eine geeignet definierte Indexmenge ist, dann sprechen wir vom Problem der *statistischen Versuchsplanung*. Jedem Element $c \in C$ entspricht also ein Experiment, dessen Ergebnis $y_\zeta(c)$ eine Realisierung von $Y_\zeta(c)$ ist. Häufig sind die Zufallselemente auch Vektoren, deren Komponenten Zufallsgrößen $Y_\zeta(v)$ sind, deren Index v aus einer gegebenen Menge, dem Versuchsbereich V, gewählt werden kann. Ein typisches Beispiel hierfür ist die Regressionsanalyse. Der Versuchsbereich V ist ein Teilgebiet des k-dimensionalen euklidischen Raumes, und v ist der Versuchspunkt x, an dem die Kenngröße $Y_\zeta(v) = Y(x)$ beobachtet wird. Führen wir zur Abkürzung die folgenden Definitionen ein:

Definition 1.1: *Ein n-tupel von Elementen v aus V*

$$V_n := (v_1, \ldots, v_n) \tag{1.50}$$

heißt **konkreter Versuchsplan** *aus V vom Umfang n.*
Dabei müssen die v_i $(i = 1, \ldots, n)$ nicht alle voneinander verschieden sein. Weiterhin bezeichnen wir mit $V^{(\alpha)}$ die Menge der für eine bestimmte Aufgabenstellung interessierenden Versuchspläne, die nicht notwendig vom gleichen Umfang sein müssen.

Definition 1.2: *Das n-tupel von Zufallsgrößen*

$$\mathcal{Y}_\zeta(V_n) = (Y_\zeta(v_1), \ldots, Y_\zeta(v_n))^T \tag{1.51}$$

heißt **Beobachtungsvektor** *zum Versuchsplan* V_n.

Nach der Beobachtung von $\mathcal{Y}_\zeta(V_n)$, womit ζ im allgemeinen immer noch nicht genau bekannt ist, muß der Statistiker eine Entscheidung $a \in A$ wählen. Diese Entscheidung wird von $\mathcal{Y}_\zeta(V_n)$ abhängen, da jedem $\mathcal{Y}_\zeta(V_n)$ durch eine Entscheidungsfunktion $d_{V_n}(\mathcal{Y}_\zeta(V_n))$ eine Entscheidung $a = d_{V_n}(\mathcal{Y}_\zeta(V_n))$ zugeordnet wird. Das heißt also z. B., daß jedem Beobachtungsvektor unter Berücksichtigung des verwendeten Versuchsplanes V_n ein Schätzwert für den Parameter zugeordnet wird. Für jedes $V_n \in V^{(\alpha)}$ sei eine Menge $D(V_n)$ von solchen Entscheidungsfunktionen gegeben. In vielen Fällen enthalten die Mengen $D(V_n)$ für verschiedene V_n Funktionen gleicher Struktur.

Die Beurteilung der Zweckmäßigkeit eines Versuchsplanes $V_n \in V^{(\alpha)}$ und einer Entscheidungsfunktion $d \in D(V_n)$ erfolgt über eine auf $Z \times V^{(\alpha)} \times A$ definierte Verlustfunktion

$$L(\zeta, V_n, a), \tag{1.52}$$

die den Verlust und die Aufwendungen des Statistikers angibt, die entstehen, wenn der wahre Zustand der Natur ζ vorliegt, der Statistiker den Versuchsplan V_n benutzt und die Entscheidung a wählt. Setzen wir nun die Entscheidungsfunktion $d_{V_n}(\mathcal{Y}_\zeta(V_n))$ in die Verlustfunktion ein, dann erhalten wir eine Funktion, deren Funktionswerte Zufallsgrößen der Form $L(\zeta, V_n, d_{V_n}(\mathcal{Y}_\zeta(V_n))$ sind. Nun bilden wir den Erwartungswert (falls dieser existiert) bezüglich der Verteilung von $\mathcal{Y}(V_n)$. Wir erhalten mit

$$E_{\mathcal{Y}} L(\zeta, V_n, d_{V_n}(\mathcal{Y}_\zeta(V_n))) = R(\zeta, V_n, d_{V_n}) \tag{1.53}$$

den erwarteten Verlust beim Vorgehen gemäß der Entscheidungsfunktion d_{V_n} und bezeichnen die Funktion (1.53) als Risikofunktion, die aber auch noch vom wahren Zustand der Natur abhängt.

Im allgemeinen müssen Verlustfunktion und Risikofunktion nicht unbedingt skalare Funktionen sein, sie sind z. B. auch als vektor- bzw. matrixwertige Funktionen sinnvoll zu behandeln.

Eine brauchbare Bewertung der Wahl des Versuchsplans und der Entscheidungsfunktion kann aber nur durch eine vom unbekannten wahren Zustand ζ der Natur unabhängige reelle Zahl erfolgen. Deshalb wollen wir die Risikofunktion (1.53) durch ein geeignetes Funktional Q auf die reelle Achse abbilden. Dadurch erhalten wir das *(verallgemeinerte) Risiko*

$$R_Q(V_n, d_{V_n}) = QR(\zeta, V_n, d_{V_n}). \tag{1.54}$$

Dieses Risiko ist nur noch eine Funktion vom Versuchsplan V_n und der Entscheidungsfunktion d_{V_n}, also von Elementen, die der Statistiker wählen kann. Es ist nun sinnvoll, den Plan V_n und die Funktion d_{V_n} so zu wählen, daß das Risiko (1.54) minimiert wird. Diese Wahl ist das Ziel der entscheidungstheoretischen Behandlung. Auf diese Weise erhalten wir das folgende Optimalitätskriterium.

Definition 1.3: V_n^* und $d_{V_n^*}^*$ heißen *Q-optimal, falls*

$$R_Q(V_n^*, d_{V_n^*}^*) = \min_{\substack{V_n \in V^{(\alpha)}, \\ d_{V_n} \in D(V_n).}} R_Q(V_n, d_{V_n}). \tag{1.55}$$

In den Kapiteln 2 und 5 werden Spezialfälle solcher Entscheidungsprobleme, bei denen die Versuchsplanung eine Rolle spielt, behandelt und durch entsprechende Beispiele erläutert.

Mit der Definition 1.3 haben wir eine allgemeine Form für ein Optimalitätskriterium der optimalen (statistischen) Versuchsplanung gefunden.
In manchen Fällen ist es günstiger, die Risikofunktion $R(\zeta, V_n, d_{V_n})$ aufzuspalten in die Form

$$R(\zeta, V_n, d_{V_n}) = R_1(\zeta, d_{V_n}) + K(V_n), \tag{1.56}$$

wobei mit $R_1(\zeta, d_{V_n})$ die Risikofunktion bezeichnet wird, die den erwarteten Verlust angibt, wenn ζ der wahre Zustand der Natur ist und der Statistiker die Entscheidungsfunktion d_{V_n} wählt. Die Funktion $K(V_n)$ ist eine gegebene Kostenfunktion für die Beobachtungen gemäß des Versuchsplanes V_n. Solch einen Zugang zur Lösung des Problems wählt z. B. Wald [1].

Häufig können wir jedoch keine gemeinsame Maßeinheit für die Risikofunktion R_1 und die Kostenfunktion K finden. Dann bietet sich für eine Optimierung des Risikos als Alternative zu (1.55) die folgende Optimierungsaufgabe an:

$$R_{Q1}(d^*_{V^*_n}) = \min_{\substack{V_n \in V^{(\alpha)},\\ d_{V_n} \in D(V_n)}} R_{Q1}(d_{V_n}), \tag{1.57}$$

unter Beachtung der Nebenbedingung

$$K(V^*_n) \leqq k_0, \tag{1.58}$$

wobei $R_{Q1} = QR_1$ gilt und k_0 eine vorgegebene Kostenschranke bedeutet. Auch die zu (1.57) und (1.58) duale Aufgabe

$$K(V^*_n) = \min_{V_n \in V^{(\alpha)}} K(V_n), \tag{1.59}$$

unter Beachtung der Nebenbedingung

$$R_{Q1}(d^*_{V^*_n}) \leqq r_0 \tag{1.60}$$

mit der vorgegebenen Risikoschranke r_0 ist in manchen Fällen zur Beschreibung eines praktischen Problems notwendig.

1.5. Anwendungsprobleme der optimalen Versuchsplanung

1.5.1. Anwendung der entscheidungstheoretischen Formulierung

Zum gegenwärtigen Zeitpunkt hat die entscheidungstheoretische Formulierung der optimalen Versuchsplanung vom praktischen Standpunkt aus hauptsächlich methodische Bedeutung, denn es ist in konkreten Fällen zur Zeit noch selten möglich, eine Verlustfunktion und ein Risikofunktional zu finden, die den sachlogischen und ökonomischen Verhältnissen genau entsprechen. Es muß jedoch bemerkt werden, daß bereits einfache Annahmen über die Verlustfunktion zu vernünftigen, praktisch deutbaren Optimalitätskriterien führen.

Beispiel 1.9: Wir wollen einen Parameter ϑ der Verteilung einer Zufallsgröße Y auf Grund einer Stichprobe $\mathcal{Y}(n) = (Y_1, \ldots, Y_n)$ schätzen. Die Wahl des Versuchsplanes reduziert sich hier also auf die Wahl des Stichprobenumfangs n. Die Entscheidungsfunktionen $d_n(\mathcal{Y}(n))$ sind hierbei Schätzfunktionen für den Parameter ϑ, die wir mit $\hat{\Theta}_n = \hat{\Theta}_n(\mathcal{Y}(n))$ bezeichnen wollen. Als Verlustfunktion werde

$$L(\vartheta, n, \hat{\Theta}_n(\mathcal{Y}(n))) = c(\hat{\Theta}_n(\mathcal{Y}(n)) - \vartheta)^2, \quad c = \text{const.}, \tag{1.61}$$

gewählt und als Menge $D(n)$ die Menge aller erwartungstreuen Schätzfunktionen für ϑ, d. h., es gilt

$$E\hat{\Theta}_n = \vartheta. \tag{1.62}$$

Dann erhalten wir

$$R_1(\vartheta, \hat{\Theta}_n) = EL(\vartheta, \hat{\Theta}_n) = cE(\hat{\Theta}_n - \vartheta)^2, \tag{1.63}$$

und wegen (1.62) ist

$$R_1(\vartheta, \hat{\Theta}_n) = cD^2\hat{\Theta}_n. \tag{1.64}$$

Die Aufwendungen für die Beobachtungen wollen wir durch eine Kostenfunktion der Form

$$K(n) = k_1 n \tag{1.65}$$

mit einer vorgegebenen Konstanten k_1 bewerten. Da R_1 nicht vom wahren Parameter abhängt, erübrigt sich die Wahl eines Funktionals Q, d. h., es ist also $R_{Q1} = R_1$.

Die (1.57) und (1.58) entsprechende Optimierungsaufgabe

$$D^2\hat{\Theta}_n^* = \min_{n, \hat{\Theta}_n \in D(n)} D^2\hat{\Theta}_n \tag{1.66}$$

unter Berücksichtigung von

$$k_1 n \leqq k_0 \tag{1.67}$$

hat folgenden praktischen Sinn: Wir suchen eine erwartungstreue Schätzung kleinster Varianz bei beschränktem Stichprobenumfang n. Für solche Aufgaben werden durch die mathematische Statistik Lösungen angegeben.

Beispiel 1.10: Wir wollen nun einen Parametertest durchführen. Dazu zerlegen wir die Menge S aller zulässigen Parameter in zwei Teilbereiche S_0 und S_A in der Weise, daß gilt

$$S = S_0 \cup S_A \quad \text{und} \qquad S_0 \cap S_A = \emptyset. \tag{1.68}$$

Geben wir uns nun eine Nullhypothese

$$H_0 : \vartheta \in S_0 \tag{1.69}$$

und eine Alternativhypothese

$$H_A : \vartheta \in S_A \tag{1.70}$$

vor, so können folgende Entscheidungen möglich sein:

a_0: Annahme der Hypothese H_0 bzw. Ablehnung von H_A

a_1: Ablehnung der Hypothese H_0 bzw. Annahme von H_A.

Als Verlustfunktion wählen wir

$$L(\vartheta, a_0) = \begin{cases} 0 & \text{falls } \vartheta \in S_0, \\ 1 & \text{falls } \vartheta \in S_A, \end{cases} \qquad L(\vartheta, a_1) = \begin{cases} 1 & \text{falls } \vartheta \in S_0, \\ 0 & \text{falls } \vartheta \in S_A, \end{cases} \tag{1.71}$$

d. h., wenn die Entscheidung richtig ist (richtige Hypothese angenommen), dann soll der Verlust den Wert 0 annehmen, und wenn die Entscheidung falsch ist, dann soll der Verlust den Wert 1 annehmen. Eine Entscheidungsfunktion d_n ordnet hier also einem Teil der möglichen Stichproben $\boldsymbol{y}(n) = (y_1, \ldots, y_n)$ die Entscheidung a_0 zu und dem anderen Teil die Entscheidung a_1. Dadurch wird der Stichprobenraum von $\mathcal{Y}(n)$ in einen Annahmebereich $C_0(d_n)$ und in einen Ablehnungsbereich $C_A(d_n)$ für H_0 zerlegt. Für die Risikofunktion R_1 erhalten wir somit

$$R_1(\vartheta, d_n) = \begin{cases} P(\mathcal{Y} \in C_A(d_n)) & \text{für } \vartheta \in S_0, \\ P(\mathcal{Y} \in C_0(d_n)) & \text{für } \vartheta \in S_A. \end{cases} \tag{1.72}$$

Die Funktionswerte von (1.72) sind als Wahrscheinlichkeiten für einen möglichen Irrtum und mit

$$\alpha(\vartheta, n) = P(\mathcal{Y} \in C_A(d_n)) \quad \text{und} \quad \beta(\vartheta, n) = P(\mathcal{Y} \in C_0(d_n))$$

als Irrtumswahrscheinlichkeiten (oder Risiko oder Fehler) erster und zweiter Art bekannt (vgl. z. B. Rasch [1]). Die optimale Versuchsplanung, die sich hier nur auf den Stichprobenumfang bezieht, betrachtet die zu (1.59) und (1.60) analoge Aufgabenstellung

$$K(n^*) = \min_n K(n) \tag{1.73}$$

mit

$$\begin{aligned} R_1(\vartheta, d^*_{n^*}) &\leqq \alpha_0 \qquad \text{für alle } \vartheta \in S_0, \\ R_1(\vartheta, d^*_{n^*}) &\leqq \beta_0 \qquad \text{für alle } \vartheta \in S_A. \end{aligned} \tag{1.74}$$

Diese Aufgabe können wir wie folgt interpretieren: Es ist der kleinste Stichprobenumfang zu finden, so daß das Risiko erster und das Risiko zweiter Art gleichzeitig unter vorgegebenen Schranken bleiben. Allerdings ist diese Aufgabe nicht immer lösbar.

1.5.2. Weitere Probleme und Bemerkungen

In vielen Fällen, vor allem bei komplizierteren stochastischen Modellen als den hier vorgestellten, wünscht der Experimentator, daß der Versuchsplan möglichst mehrere Kriterien gleichzeitig erfüllt. Dann muß sorgfältig geprüft werden, welche Kriterien sich auf eine entsprechende (dann eventuell auch vektorwertige) Verlustfunktion, auf die Mengen der zugelassenen Entscheidungen, der betrachteten Entscheidungsfunktionen und der möglichen Versuchspläne beziehen. Trotz dieser Komplexität der Problematik gelingt es in gewissen Fällen, eine sinnvolle Optimierungsaufgabe zu formulieren. Ein Beispiel dafür wird in Kapitel 4 gegeben.

Bei solchen praktischen Problemen, bei denen die Versuchsdurchführung und -auswertung wenig Zeit erfordert, erscheint es oft attraktiv, die Versuchsplanung sequentiell zu gestalten, weil wir dann die Informationen, die wir durch die bereits vorliegenden Versuchsergebnisse zur Verfügung haben, zu einer Verbesserung der Planung weiterer Versuche ausnutzen können. Solche Verfahren werfen aber in der Regel kompliziertere mathematische Probleme auf und erfordern wesentlich umfangreichere stochastische Modelle. Nur für sehr einfache Spezialfälle liegen bisher Lösungen der entsprechenden Optimierungsprobleme vor. Im Kapitel 6 wird eine Aufgabenklasse vorgestellt, bei der solche sequentiellen Verfahren angewandt werden. Hierbei werden die Schwierigkeiten, die sich bei einer Optimierung ergeben, deutlich werden. Einen Einblick in die Bedeutung und Anwendung sequentieller Methoden, z. B. in der Regelungstechnik (z. B. bei der Modellidentifikation), finden wir bei Hartmann/Letzkij/Schäfer [1], Chernoff [1] und Heckendorff [1].

Eine Behandlung dieses Problemkreises würde den Rahmen dieser Einführung sprengen.

1.6. Zusammenfassung

Ausgangspunkt ist in jedem Fall ein wahrscheinlichkeitstheoretisches Modell der Versuchsfrage, das der Experimentator aufzustellen oder zu wählen hat. Auf dieses Modell gründet sich die Wahl der Strategie für die Durchführung der Versuche und die Auswertung der Ergebnisse (vgl. Schema 1). Dabei muß die Einhaltung der Modellbedingungen garantiert werden, dazu gehören u. a. *Unabhängigkeit* der Komponenten und *hinlänglicher Umfang* der Stichprobe, *Zufälligkeit* der Auswahl der Versuchsobjekte bei der Zuordnung zu Versuchseinheiten.

Können oder wollen wir bei einer Versuchsdurchführung nur die Anzahl der Beobachtungen wählen, dann müssen wir uns für einen *Stichprobenumfang n* entscheiden, der zwischen dem mindest notwendigen Umfang für die Lösung einer statistischen Aufgabe und dem praktisch möglichen Umfang, der durch den Versuchsaufwand gegeben wird, liegt (vgl. Kapitel 2).

Vereinfachtes Schema der statistischen Versuchsplanung

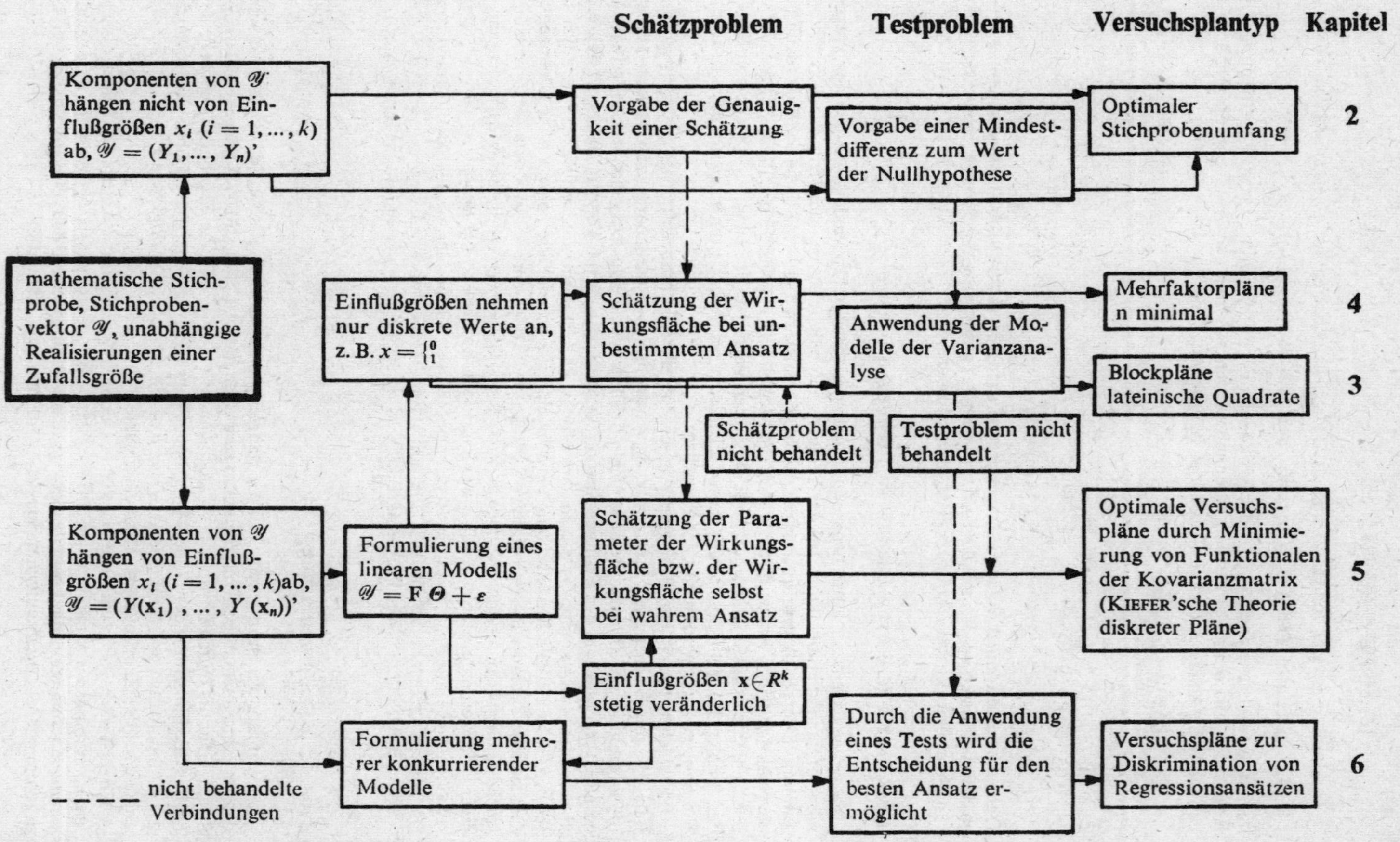

Für Modelle der Varianzanalyse können wir z. B. Blockpläne und lateinische Quadrate anwenden (vgl. Kapitel 3).

Wollen wir die unbekannten Parameter eines Ansatzes $\tilde{\eta}(x, \vartheta)$ für die Wirkungsfunktion $\eta(x)$ schätzen, können die Einflußgrößen im Versuchsbereich nur gewisse diskrete Werte (Niveaus) annehmen, dann lassen sich Mehrfaktorpläne zur Lösung dieser Aufgabe heranziehen (vgl. Kapitel 4).

Für das Modell der linearen Regression mit stetig variierbaren Einflußgrößen $x_i \in V$ definieren wir Optimalitätskriterien durch gewisse Funktionale von Matrizen, angewandt auf die bei der Schätzung der Parameter auftretende Matrix F^TF. Optimale Versuchspläne für diesen Fall werden in Kapitel 5 konstruiert.

Häufig hat der Experimentator mehrere Ansätze für eine Schätzung von $\eta(x)$ zur Auswahl. Durch die Anwendung eines Verfahrens der Diskrimination von Regressionsansätzen kann unter den gegebenen Ansätzen ein in einem festzulegenden Sinn bester Ansatz ausgewählt werden (vgl. Kapitel 6).

2. Planung des Stichprobenumfangs

2.1. Aufgabenstellung

Knüpfen wir an die Ausführungen des Kapitels 1 (insbesondere die Abschnitte 1.2.4., 1.4. und 1.5.1.) an und betrachten die Risikofunktion $R_1(\vartheta, \hat{\Theta}(n))$ (vgl. (1.63) mit $\hat{\Theta}(n)$ für $\hat{\Theta}_n$) für die Schätzung eines unbekannten Parameters ϑ. Verwenden wir für ϑ eine erwartungstreue und konsistente Schätzung $\hat{\Theta}$ (vgl. z. B. Rasch [1]) und betrachten (1.64), dann ist das Risiko offensichtlich eine für $n \to \infty$ fallende Funktion, und es gibt ein n_1, so daß $D^2\hat{\Theta}(n_1) \geqq D^2\hat{\Theta}(n)$ für $n > n_1$. Andererseits ist aber jede Stichprobennahme mit gewissen Kosten, die durch eine Kostenfunktion $K(V_n)$ ausgedrückt werden, verbunden. Verursacht ein Versuch z. B. die Kosten k_1 und stehen insgesamt nur k_0 Mittel für die Versuchsdurchführung zur Verfügung, dann ergibt sich für den praktisch möglichen Stichprobenumfang (vgl. Abschnitt 1.2.4.) $n \leqq \frac{k_0}{k_1}$. Die Kostenfunktion $K(V_n)$ wird im allgemeinen mit n wachsen. Veranschaulichen wir uns die Risiko- und die Kostenfunktion in Abhängigkeit von n, dann ergibt sich beispielsweise folgender Verlauf (s. Bild 2.1).

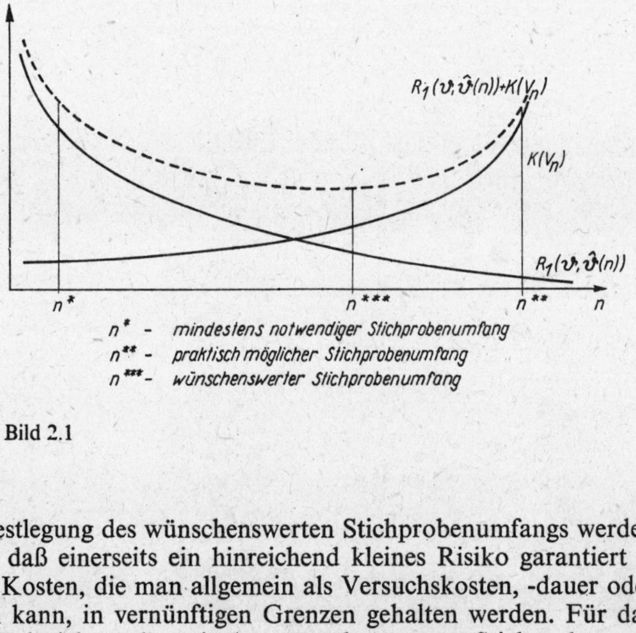

Bild 2.1

Die Festlegung des wünschenswerten Stichprobenumfangs werden wir nun so vornehmen, daß einerseits ein hinreichend kleines Risiko garantiert wird, andererseits aber die Kosten, die man allgemein als Versuchskosten, -dauer oder -aufwand interpretieren kann, in vernünftigen Grenzen gehalten werden. Für das in Bild 2.1 aufgezeigte Beispiel würden wir den wünschenswerten Stichprobenumfang durch Minimierung des Ausdrucks (1.56) bezüglich n berechnen.

Im Kapitel 2 werden nun Optimalitätskriterien formuliert, mit deren Hilfe der kleinste wünschenswerte Stichprobenumfang (optimaler Stichprobenumfang) bestimmt werden kann. Dabei wird im wesentlichen die Vorgabe einer Güteforderung für eine statistische Aussage verwendet werden.

2.2. Vorgabe der Genauigkeit

2.2.1. Parameterschätzungen

Eine der Grundaufgaben der mathematischen Statistik ist das Schätzproblem. Die Verteilungsfunktion der Grundgesamtheit X hängt von gewissen Parametern ab. Wir wollen uns hier auf nur einen Parameter ϑ beschränken und die Verteilungsfunktion mit $F_X(x, \vartheta)$ bezeichnen. Als Schätzung für den unbekannten Parameter wird eine geeignete Stichprobenfunktion durch ein Schätzverfahren (z. B. Maximum-Likelihood-Methode, Momentenmethode, vgl. Smirnov/Dunin-Barkowski [1]) ausgewählt. Legen wir der Schätzung des Parameters ϑ eine Stichprobe $\mathscr{X}(n) = (X_1, ..., X_n)$ zugrunde, dann ist $\hat{\Theta} = \hat{\Theta}(n)$ eine Zufallsgröße mit der Verteilungsfunktion $F_{\hat{\Theta}}(\vartheta)$. Wir wollen hier nur erwartungstreue Schätzungen $\hat{\Theta}$ für ϑ zulassen (also $E\hat{\Theta} = \vartheta$) und betrachten das Ereignis, daß der Schätzwert nicht mehr als d vom Erwartungswert abweicht, d. h. $|\hat{\Theta}(n) - \vartheta| \leqq d$. Dabei ist d ein vorgegebener Wert, der es uns ermöglicht, in einem konkreten, praktischen Fall den Schätzwert $\hat{\vartheta}$ und den wahren Wert ϑ miteinander ohne Verlust zu identifizieren, wenn $|\hat{\vartheta} - \vartheta| \leqq d$. Da die Schätzung $\hat{\Theta}(n)$ jedoch eine Zufallsgröße ist, läßt sich im allgemeinen nicht erreichen, daß das Ereignis $|\hat{\Theta}(n) - \vartheta| \leqq d$ immer eintritt. Daher wählen wir eine Wahrscheinlichkeit $1 - \alpha$ mit $\alpha > 0$, mit der dieses Ereignis mindestens eintreten soll und fordern

$$P(|\hat{\Theta}(n) - \vartheta| \leqq d) = 1 - \alpha. \tag{2.1}$$

Diese Forderung (2.1) können wir nun zur Berechnung des optimalen Stichprobenumfangs heranziehen, wenn die beiden Voraussetzungen

1. die Schätzung $\hat{\Theta}(n)$ hängt explizit vom Stichprobenumfang ab und
2. durch identische Umformungen können wir erreichen, daß die zufällige Funktion $g(\hat{\Theta}(n))$ eine bekannte Verteilungsfunktion besitzt, der Ausdruck

   $$P(g(\hat{\Theta}(n)) < g_{1-\alpha}) = 1 - \alpha \tag{2.2}$$

   also eindeutig bestimmt ist, wobei $g_{1-\alpha}$ ein (1-α)-Quantil der Verteilungsfunktion von $g(\hat{\Theta}(n))$ ist,

erfüllt sind. Nehmen wir an, daß der Ausdruck (2.1) sich so umformen läßt, daß wir erhalten

$$P(g(\hat{\Theta}(n)) \leqq dk(n)) = 1 - \alpha, \tag{2.3}$$

wobei der Faktor $k(n)$, der durch diese Umformung zustande gekommen ist, den Stichprobenumfang n explizit enthält. Vergleichen wir nun (2.2) und (2.3), dann finden wir die Beziehung

$$g_{1-\alpha} = dk(n). \tag{2.4}$$

Durch Auflösen von (2.4) nach n ergibt sich ein optimaler Stichprobenumfang zur Erfüllung der Forderung (2.1) (vgl. z. B. Rasch/Enderlein/Herrendörfer [1], Smirnov/Dunin-Barkowski [1]).

Beispiel 2.1: Die Verteilung der Grundgesamtheit X gehöre zur Familie der Normalverteilungen, der Erwartungswert μ sei unbekannt und zu schätzen, die Varianz σ^2 sei bekannt. Durch $\bar{X} = \frac{1}{n} \sum_{i=1}^{n} X_i$ ist eine erwartungstreue, konsistente Schätzung für μ gegeben. Die Verteilung von $\bar{X}$ ist bekanntlich

$N(\mu, \sigma^2/n)$. Die Voraussetzung 1 ist erfüllt, denn $\hat{\Theta}(n)$ hängt explizit von n ab, weiterhin ist die Größe $Y = \sqrt{n}\,(\bar{X} - \mu)/\sigma$ normiert normalverteilt, d. h. mit $EY = 0$ und $D^2Y = 1$. Stellen wir nun einen Ausdruck der Form (2.2) auf, dann erhalten wir

$$P(\sqrt{n}\,|\bar{X} - \mu|/\sigma < u_{1-\alpha/2}) = 1 - \alpha, \tag{2.5}$$

d. h., wir wählen $g(\hat{\Theta}(n)) = \sqrt{n}\,|\bar{X} - \mu|/\sigma$ mit $\vartheta = \mu$, und $u_{1-\alpha/2}$ ist das $(1 - \alpha/2)$-Quantil der normierten Normalverteilung. Als Genauigkeitsforderung für die Schätzung $\bar{X}$ für μ geben wir vor

$$P(|\bar{X} - \mu| \leqq d) = 1 - \alpha. \tag{2.6}$$

Durch Umformen erhalten wir

$$P(\sqrt{n}\,|\bar{X} - \mu|/\sigma \leqq d\sqrt{n}/\sigma) = 1 - \alpha. \tag{2.7}$$

Ein Vergleich der Ausdrücke (2.5) und (2.7) ergibt analog zu (2.4) bei vorgegebenem α

$$u_{1-\alpha/2} = d\sqrt{n}/\sigma$$

und somit einen mindestens notwendigen Stichprobenumfang zur Erfüllung der Forderung (2.7) mit

$$n^* = u^2_{1-\alpha/2}\sigma^2/d^2. \tag{2.8}$$

Dabei wird als n^* stets die kleinste ganze Zahl, die größer als die rechte Seite von (2.8) ist, eingesetzt. Wir benutzen den optimalen Stichprobenumfang im folgenden stets in dieser Bedeutung, ohne es jedoch ausdrücklich zu bemerken.

In vielen Fällen läßt sich die Verteilungsfunktion von $g(\hat{\Theta}(n))$ nicht unabhängig von n angeben (z. B. wenn $g(\hat{\Theta}(n))$ einer t- oder einer χ^2-Verteilung genügt). Dann erhalten wir aber analog zu (2.4) eine Beziehung

$$g_{1-\alpha}(n) = dk(n), \tag{2.9}$$

die sich im allgemeinen nicht mehr explizit nach n auflösen läßt. In diesem Fall gehen wir so vor, daß wir mit einem Stichprobenumfang n_0, der gewiß zu klein ist, beginnen (es muß aber n_0 größer als der mindest notwendige Stichprobenumfang sein). Wird für n_0 die geforderte Genauigkeit nach (2.1) noch nicht erreicht, dann gehen wir zu $n_0 + 1$ über. Dieses Verfahren wird solange fortgesetzt, bis die Genauigkeit d erreicht oder unterschritten wurde. Ein Beispiel soll diese Vorgehensweise veranschaulichen.

Beispiel 2.2: Für eine normalverteilte Grundgesamtheit X sei sowohl der Erwartungswert μ als auch die Varianz σ^2 unbekannt. Der Parameter μ wird durch $\bar{X}$ und der Parameter σ^2 durch $S^2 = \sum_{i=1}^{n} (X_i - \bar{X})^2/(n - 1)$ geschätzt. Für die Schätzung von μ sei wiederum die Genauigkeitsforderung (2.6) aufgestellt. Wählen wir analog $g(\hat{\Theta}(n)) = \sqrt{n}\,|\bar{X} - \mu|/S$, dann genügt $g(\hat{\Theta}(n))$ bekanntlich einer t-Verteilung mit $(n - 1)$ Freiheitsgraden, d. h., $(n - 1)$ ist der Parameter der t-Verteilung. Präzisieren wir nun für unser Beispiel die Forderung (2.2), so erhalten wir

$$P(\sqrt{n}\,|\bar{X} - \mu|/S < t_{n-1,\,1-\alpha/2}) = 1 - \alpha, \tag{2.10}$$

wobei aber das $(1 - \alpha/2)$-Quantil der t-Verteilung vom Stichprobenumfang n abhängt. Durch Umformen der (2.6) entsprechenden Forderung erhalten wir

$$P(\sqrt{n}\,|\bar{X} - \mu|/S \leqq d\sqrt{n}/S) = 1 - \alpha \tag{2.11}$$

und somit

$$t_{n-1,1-\alpha/2} = d\sqrt{n}/S \tag{2.12}$$

bzw. für den optimalen Stichprobenumfang

$$n^* = t^2_{n-1,\,1-\alpha/2}\,S^2/d^2. \tag{2.13}$$

In (2.13) ist n^* eine Zufallsgröße, die in $t_{n-1,1-\alpha/2}$ und in S^2 von n abhängt. Wir können sie zur praktischen Bestimmung eines optimalen Stichprobenumfanges heranziehen, wenn eine obere Schranke $\mathring{s}^2$ für σ^2 bekannt ist, mit der wir die Schätzung S^2 modifizieren können, d. h., wir setzen $S^2 = \mathring{s}^2$, falls $S^2 \geqq \mathring{s}^2$ ausfällt. Je besser die obere Schranke $\mathring{s}^2$ ist, desto genauer wird die Näherung für den optimalen Stichprobenumfang n^* ausfallen. Wir wählen ein n_0 und vergleichen den Ausdruck

$$\tilde{d} = t_{n_0-1,\,1-\alpha/2}\,\mathring{s}/\sqrt{n_0} \tag{2.14}$$

mit der vorgegebenen Genauigkeit d. Wenn $\tilde{d} > d$ ausfällt, dann berechnen wir (2.14) mit $n_0 + 1$ anstelle von n_0. Dieses Vorgehen führen wir solange fort, bis $\tilde{d} \leqq d$ ausfällt, der entsprechende Stichprobenumfang $n_0 + k$ (nach k Schritten) ist dann eine obere Schranke für den optimalen Stichprobenumfang n^*.

Geben wir $d = 10$, $\alpha = 0{,}01$ und $\mathring{s} = 5$ vor, dann erhalten wir für $n_0 = 4$ mit $t_{3;0,995} = 5{,}841$ aus (2.14):

$$\tilde{d} = 5{,}841 \cdot 5/\sqrt{4} = 14{,}6025 > d = 10.$$

Für $n_0 + 1 = 5$ mit $t_{4;\,0,995} = 4{,}604$ erhalten wir:

$$\tilde{d} = 4{,}604 \cdot 5/\sqrt{5} = 10{,}2952 > d = 10$$

und für $n_0 + 2 = 6$ und $t_{5;\,0,995} = 4{,}032$:

$$\tilde{d} = 4{,}032 \cdot 5/\sqrt{6} = 8{,}2319 < d = 10.$$

Folglich erfüllt der optimale Stichprobenumfang $n^* = 6$ die Forderung

$$P(|X - \mu| \leqq 10) = 0{,}99.$$

Die Forderung (2.1) läßt sich in der Form

$$P(\hat{\Theta}(n) - d \leqq \vartheta \leqq \hat{\Theta}(n) + d) = 1 - \alpha \tag{2.15}$$

auch als Konfidenzintervall für ϑ zum Niveau $1 - \alpha$ interpretieren.

Dieses Intervall hat die Länge $2d$, also bedeutet eine Genauigkeitsvorgabe gemäß (2.1) die Vorgabe der halben Länge des Konfidenzintervalls für den entsprechenden Parameter.

Beispiel 2.3: Zur Schätzung des Parameters μ einer normalverteilten Grundgesamtheit X bei bekanntem σ^2 verwenden wir für vorgegebenes α das Konfidenzintervall

$$\bar{X} - \sigma u_{1-\alpha/2}/\sqrt{n} \leqq \mu \leqq \bar{X} + \sigma u_{1-\alpha/2}/\sqrt{n}. \tag{2.16}$$

Die Länge dieses Intervalls beträgt

$$L = 2\sigma u_{1-\alpha/2}/\sqrt{n}. \tag{2.17}$$

Durch Umschreiben von (2.16) in die Form

$$|\bar{X} - \mu| \leqq \sigma u_{1-\alpha/2}/\sqrt{n}$$

erhalten wir sofort die Aussage (2.17). Der optimale Stichprobenumfang beträgt damit

$$n^* = 4\sigma^2 u_{1-\alpha/2}^2/L^2. \tag{2.18}$$

Für $\alpha = 0{,}05$, $\sigma = 4$ und eine vorgegebene Länge $L = 2$ erhalten wir mit $u_{0{,}975} = 1{,}96$ und mit

$$4 \cdot 16 \cdot 1{,}96^2/4 = 61{,}47$$

einen optimalen Stichprobenumfang $n^* = 62$.

Die Bestimmung des optimalen Stichprobenumfangs bei Schätzung anderer Parameter gestaltet sich sehr schwierig in bezug auf die numerische Rechnung. Zur Schätzung des Parameters σ einer Normalverteilung können wir fordern, daß die Abweichung der Schätzung S von σ

$$P(|S - \sigma| \leqq p\sigma/100) = 1 - \alpha, \quad 0 < p < 1, \tag{2.19}$$

erfüllt. Wir geben also als Genauigkeit für die Schätzung nicht mehr nur eine absolute Abweichung vom wahren Parameterwert ϑ vor, sondern eine relative Abweichung bezüglich des zu schätzenden Parameters (bei kleinen Parameterwerten wollen wir genauere Aussagen haben als bei großen Werten). Die halbe Breite des entsprechenden Konfidenzintervalls soll dabei $p\%$ von σ betragen, d. h. $d = p\sigma/100$. Da dieser Weg zur Bestimmung von n sehr schwierig ist, werden wir uns im konkreten Fall eines Nomogramms bedienen, wie es z. B. bei Rasch/Enderlein/Herrendörfer [1] zu finden ist, bzw. ein entsprechendes Rechnerprogramm verwenden.

Beziehungen zur Bestimmung von n^* für ein Konfidenzintervall für σ finden wir bei Rasch/Herrendörfer/Bock/Busch [1].

Wir wollen hier ein weiteres Verfahren zur Bestimmung von n^* kennenlernen. Wir gehen wieder von einer normalverteilten Grundgesamtheit X aus. Der Erwartungswert μ sei zu schätzen bei bekanntem σ^2. Für ein vorgegebenes Konfidenzniveau $1 - \alpha$ erhalten wir bei ebenfalls vorgegebener Länge L des Intervalls (2.16) als optimalen Stichprobenumfang den Ausdruck (2.18).

Ist die Varianz σ^2 jedoch unbekannt, dann benutzen wir anstelle von σ^2 die Schätzung S^2. Für die Schätzung von σ^2 erhält man bekanntlich den einseitigen Konfidenzbereich

$$(n - 1)\, S^2/\chi^2_{n-1,1-\alpha} < \sigma^2 < \infty. \tag{2.20}$$

Setzen wir nun in (2.18) die untere Grenze des Bereichs (2.20) ein, dann erhalten wir einen im allgemeinen zu kleinen Stichprobenumfang

$$n = \frac{4u_{1-\alpha/2}^2}{L^2} \, \frac{(n-1)\, S^2}{\chi^2_{n-1,1-\alpha}} \tag{2.21}$$

[(2.21) ist dabei nur eine Schätzung für den Stichprobenumfang n].

Die Beziehung (2.21) läßt sich für eine sukzessive Bestimmung einer Näherung für den optimalen Stichprobenumfang heranziehen. Wir wählen einen gewiß zu kleinen Wert n_0, realisieren eine Stichprobe mit dem Umfang n_0 und berechnen daraus den Schätzwert s_0^2.

Durch Einsetzen von s_0^2 für S^2 und n_0 für n auf der rechten Seite von (2.21) bestimmen wir einen neuen Wert n_1. Falls $n_1 - n_0 > 0$, realisieren wir $n_1 - n_0$ weitere Stichprobenelemente. Aus der Gesamtstichprobe vom Umfang n_1 berechnen wir den Schätzwert s_1^2 und prüfen analog zu (2.14), ob bereits

$$L \geqq 2t_{n_1-1,1-\alpha/2}s_1/\sqrt{n_1}. \tag{2.22}$$

In diesem Falle wäre n_1 eine hinreichende Näherung für n^*. Andernfalls wird mit n_1 und s_1^2 aus (2.21) ein neuer Wert n_2 bestimmt usw. Das Verfahren endet aber auch, wenn $n_{r+1} \leqq n_r$ ist. In diesem Fall berechnet man schrittweise für n_{r+m}, $m = 1, 2, \ldots$, die Genauigkeitsforderung (2.22) und bricht ab, wenn für ein n_{r+m} (2.22) erfüllt ist.

2.2.2. Testen von Hypothesen

Bei der Festlegung eines kleinsten wünschenswerten Stichprobenumfangs für einen Test läßt sich eine Genauigkeitsforderung in verschiedener Weise vorgeben. Beachten wir z. B. den Zusammenhang zwischen einem Signifikanztest und einem Konfidenzintervall (vgl. Bd. 17), dann läßt sich in einfacher Weise der optimale Stichprobenumfang n^* angeben. Wir wollen dieses Vorgehen an einer speziellen Aufgabenstellung erläutern. Die Grundgesamtheit sei normalverteilt mit unbekanntem Erwartungswert μ_0 und bekannter Varianz σ^2. Eine Konfidenzschätzung für μ_0 bei vorgegebenem α hat die Form (2.16). Dabei ist durch $1 - \alpha$ die Wahrscheinlichkeit vorgegeben, mit der das Intervall den unbekannten Parameter μ_0 überdecken soll. Mit welcher Wahrscheinlichkeit die von μ_0 verschiedenen Parameterwerte überdeckt werden, wird nicht untersucht. Um zu einer Aussage über den optimalen Stichprobenumfang n^* zu gelangen, wollen wir noch die Wahrscheinlichkeit dafür vorgeben, daß das Konfidenzintervall für μ_0 zum Konfidenzniveau $1 - \alpha$ die Werte $|\mu - \mu_0| > h$ mit einer Wahrscheinlichkeit von $1 - \beta$ nicht überdeckt. Mit anderen Worten, die Werte $|\mu - \mu_0| > h$ für vorgegebenes h sollen vom Konfidenzintervall nur mit einer Wahrscheinlichkeit β überdeckt werden (vgl. Heinhold/Gaede [1]). Die Werte μ, die von μ_0 einen größeren Abstand als h haben, sind durch

$$\mu < \mu_0 - h \quad \text{und} \quad \mu > \mu_0 + h \tag{2.23}$$

gegeben. Vergleichen wir nun die Grenzen des Konfidenzintervalls (2.16) für μ_0 mit (2.23), dann erhalten wir mit

$$\mu_0 - h \leqq \bar{X} - u_{1-\alpha/2}\,\sigma/\sqrt{n} \quad \text{und} \tag{2.24}$$

$$\bar{X} + u_{1-\alpha/2}\,\sigma/\sqrt{n} \leqq \mu_0 + h$$

eine Forderung dafür, daß das Konfidenzintervall die Werte $|\mu - \mu_0| > h$ nur mit der Wahrscheinlichkeit β überdeckt. Aus (2.24) ergibt sich wegen

$$u_{1-\alpha/2} - h\sqrt{n}/\sigma \leqq \sqrt{n}\,(\bar{X} - \mu_0)/\sigma \leqq h\sqrt{n}/\sigma - u_{1-\alpha/2} \tag{2.25}$$

sofort

$$\sqrt{n}\,|\bar{X} - \mu_0|/\sigma \leqq h\sqrt{n}/\sigma - u_{1-\alpha/2}, \tag{2.26}$$

wobei gilt

$$P(\sqrt{n}\,|\bar{X} - \mu_0|/\sigma \leqq h\sqrt{n}/\sigma - u_{1-\alpha/2}) = 1 - \beta. \tag{2.27}$$

Für vorgegebene Wahrscheinlichkeit β erhält man aus der Kenntnis der Verteilung von $\sqrt{n}\,|\bar{X} - \mu_0|/\sigma$ einen Wert $u_{1-\beta}$ gemäß

$$P(\sqrt{n}\,|\bar{X} - \mu_0|/\sigma < u_{1-\beta}) = 1 - \beta, \tag{2.28}$$

und durch Vergleich der entsprechenden Größen ergibt sich

$$h\sqrt{n}/\sigma - u_{1-\alpha/2} \geqq u_{1-\beta} \tag{2.29}$$

und somit für den optimalen Stichprobenumfang n^*

$$n^* = (u_{1-\beta} + u_{1-\alpha/2})^2\,\sigma^2/h^2 \tag{2.30}$$

(vgl. Heinhold/Gaede [1]).

Auf Grund der Beziehung zwischen einer Konfidenzschätzung und einem entsprechenden Test können wir den Stichprobenumfang n^* gemäß (2.30) auch als optimalen Stichprobenumfang bei einem Test auf die Hypothese $H_0: \mu = \mu_0$ verwenden, wobei die vorgegebenen Werte für α und β den Wahrscheinlichkeiten für einen Fehler 1. bzw. 2. Art entsprechen.

Ein anderes Vorgehen zur Bestimmung des optimalen Stichprobenumfangs finden wir bei Rasch/Enderlein/Herrendörfer [1]. Betrachten wir wieder eine normalverteilte Grundgesamtheit mit bekannter Varianz σ^2 und unbekanntem Erwartungswert μ, dann lassen sich zur Nullhypothese $H_0: \mu = \mu_0$ z. B. die drei Alternativhypothesen formulieren

$$H_{A1}: \mu > \mu_0; \quad H_{A2}: \mu < \mu_0; \quad H_{A3}: \mu \neq \mu_0.$$

Als Genauigkeit wollen wir auch in diesem Fall eine interessierende Mindestdifferenz h zwischen dem Schätzwert für den Parameter und dem durch die Nullhypothese gegebenen Wert festlegen. Damit gehen die Alternativhypothesen über in

$$H_{A1}: \mu \geqq \mu_0 + h; \quad H_{A2}: \mu \leqq \mu_0 - h; \quad H_{A3}: |\mu - \mu_0| \geqq h. \tag{2.31}$$

Vergleichen wir die zu Beginn dieses Abschnittes gestellte zusätzliche Forderung an das Konfidenzintervall für μ_0 mit der Hypothese H_{A3}, dann stellen wir eine Übereinstimmung fest. Es liegen also zwei Betrachtungsweisen für einunddieselbe Genauigkeitsforderung vor (die Begründung finden wir im Zusammenhang zwischen der Konfidenzschätzung und dem Test). Sind die Wahrscheinlichkeit α für den Fehler 1. Art und die Wahrscheinlichkeit β für den Fehler 2. Art vorgegeben, dann läßt sich der optimale Stichprobenumfang n^* für die verschiedenen Alternativhypothesen (2.31) aus den folgenden Beziehungen bestimmen:

$$\text{für } H_{A1} \text{ gilt } \beta = \Phi(u_{1-\alpha} - h\sqrt{n}/\sigma), \tag{2.32}$$

$$\text{für } H_{A2} \text{ gilt } \beta = \Phi(-u_{1-\alpha} - h\sqrt{n}/\sigma), \tag{2.33}$$

$$\text{für } H_{A3} \text{ gilt } \beta = \Phi(u_{1-\alpha/2} - h\sqrt{n}/\sigma) - \Phi(u_{1-\alpha/2} - h\sqrt{n}/\sigma) \tag{2.34}$$

(mit $\Phi(x)$ wird die Verteilungsfunktion der standardisierten Normalverteilung bezeichnet).

Beispiel 2.4: Die normalverteilte Grundgesamtheit X besitze den unbekannten Erwartungswert μ und die Varianz $\sigma^2 = 0{,}36$. Für einen Test auf die Hypothese $H_0: \mu = \mu_0$ seien vorgegeben $\alpha = 0{,}05$ und $\beta = 0{,}10$. Die Mindestdifferenz zwischen dem Schätzwert für μ_0 und dem vorgegebenen Wert μ_0 sei 0,3.

Für die Alternativhypothese H_{A1} ergibt sich

$$u_{0,95} = 1{,}645, \quad u_{1-\alpha} - h\sqrt{n}/\sigma = 1{,}645 - 0{,}3\sqrt{n}/0{,}6,$$

für $\Phi(x) = 0{,}10$ erhält man $x = -1{,}282$ und somit aus

$$1{,}645 - 0{,}3\sqrt{n}/0{,}6 = -1{,}282$$

den optimalen Stichprobenumfang $n^* = 35$.

Für die Alternativhypothese H_{A3} ergibt sich

$$u_{0,975} = 1{,}96; \quad +u_{1-\alpha/2} - h\sqrt{n}/\sigma = 1{,}96 - 0{,}3\sqrt{n}/0{,}6,$$

$$-u_{1-\alpha/2} - h\sqrt{n}/\sigma = -1{,}96 - 0{,}3\sqrt{n}/0{,}6$$

und damit nach (2.34)

$$0{,}10 = \Phi\left(1{,}96 - \frac{0{,}3}{0{,}6}\sqrt{n}\right) - \Phi\left(-1{,}96 - \frac{0{,}3}{0{,}6}\sqrt{n}\right).$$

Das zweite Glied wird für $n > 4$ bereits vernachlässigbar klein, so daß wir mit $\Phi(x) = 0{,}10$ und $x = -1{,}282$ erhalten

$$1{,}96 - 0{,}3\sqrt{n}/0{,}6 = -1{,}282,$$

$$n^* = 43.$$

Benutzen wir zur Berechnung des optimalen Stichprobenumfangs die Formel (2.30), dann errechnen wir für ein zweiseitiges Konfidenzintervall (das ist die der Alternativhypothese H_{A3} entsprechende Form) mit $u_{0,975} = 1{,}96$ und $u_{0,90} = 1{,}282$ den Wert

$$n^* = \frac{(1{,}282 + 1{,}960)^2}{0{,}09} 0{,}36,$$

$$n^* = 43.$$

Wir erkennen, daß es im Fall einseitiger Alternativhypothesen günstig ist, die Ausdrücke (2.32) und (2.33) zu verwenden. Bei einer Alternativhypothese der Form H_{A3} wenden wir dagegen den Ausdruck (2.30) mit Vorteil an [(2.30) läßt sich auch für einseitige Alternativhypothesen formulieren].

In den meisten praktischen Problemen ist die Varianz σ^2 der Grundgesamtheit unbekannt. Wir können dann eine Testgröße T zur Prüfung der Nullhypothese heranziehen, die einer t-Verteilung genügt. Zur Berechnung des optimalen Stichprobenumfangs n^* ergibt sich dann analog zu (2.30) der Ausdruck

$$n^* = \frac{(t_{n-1,1-\alpha/2} + t_{n-1,1-\beta/2})^2\sigma^2}{h^2} \tag{2.35}$$

für eine Alternativhypothese der Form H_{A3}.

Die Beziehung (2.35) gilt jedoch nur approximativ und kann durch systematisches Suchen, wie es im Abschnitt 2.2.1. beschrieben wurde, gelöst werden. Dazu muß aber auch noch σ^2 durch eine bekannte obere Schranke oder durch einen Schätzwert ersetzt werden. Im letzteren Fall erhält man auch nur eine Schätzung für n^* (Rasch/Herrendörfer/Bock [1]). Tabellen finden wir z. B. bei Rasch/Herrendörfer/Bock/Busch [1], oder man verwendet eine entsprechende Software zur Schätzung von n^*.

2.3. Stichprobenumfänge für einige ausgewählte Aufgaben der mathematischen Statistik

Wenden wir uns zunächst einer praktisch wichtigen Problemstellung zu. Für zwei vorliegende Stichproben soll entschieden werden, ob ihre entsprechenden Grundgesamtheiten, die wir als normalverteilt annehmen wollen, hinsichtlich des Erwartungswertes einen Unterschied aufweisen. Zum Nachweis dieses Unterschiedes soll ein optimaler Stichprobenumfang für beide Stichproben berechnet werden, wobei es gleichgültig ist, ob wir eine Konfidenzschätzung für $\mu_1 - \mu_2$ oder einen Test auf die Hypothese $H_0 : \mu_1 = \mu_2$ durchführen wollen. Für die Grundgesamtheit X_1 mit der Verteilung $N(\mu_1, \sigma_1^2)$, wobei σ_1^2 bekannt sei, liege die Schätzung $\bar{X}_1$ vor und für die Grundgesamtheit X_2 mit der Verteilung $N(\mu_2, \sigma_2^2)$ bei bekanntem σ_2^2 die Schätzung $\bar{X}_2$. Die Umfänge der Stichproben aus X_1 bzw. X_2 seien n bzw. m. Bekanntlich wird durch

$$\bar{X}_1 - \bar{X}_2 - u_{1-\alpha/2}\sqrt{\frac{\sigma_1^2}{n} + \frac{\sigma_2^2}{m}} < \mu_1 - \mu_2 < \bar{X}_1 - \bar{X}_2 + u_{1-\alpha/2}\sqrt{\frac{\sigma_1^2}{n} + \frac{\sigma_2^2}{m}} \tag{2.36}$$

ein Konfidenzintervall zur Schätzung von $\mu_1 - \mu_2$ bei vorgegebenem Konfidenzniveau $1 - \alpha$ bestimmt.

Geben wir uns nun als Genauigkeit die Länge L des Konfidenzintervalls (2.36) vor, dann erhalten wir

$$L = 2u_{1-\alpha/2}\sqrt{\frac{\sigma_1^2}{n} + \frac{\sigma_2^2}{m}}. \tag{2.37}$$

Für den optimalen Stichprobenumfang ergibt sich dann

$$m = n\frac{\sigma_2}{\sigma_1} \tag{2.38}$$

mit

$$n^* = \frac{4u_{1-\alpha/2}^2}{L^2}\sigma_1(\sigma_1 + \sigma_2) \tag{2.39}$$

und

$$m^* = \frac{4u_{1-\alpha/2}^2}{L^2}\sigma_2(\sigma_1 + \sigma_2) \tag{2.40}$$

(vgl. Rasch/Enderlein/Herrendörfer [1]).

Meistens werden jedoch die Varianzen σ_1^2 und σ_2^2 unbekannt sein. Dürfen wir aber annehmen, daß $\sigma_1^2 = \sigma_2^2 = \sigma^2$ gilt (diese Hypothese muß gegebenenfalls durch einen Test geprüft werden), dann erhalten wir eine Realisierung der Konfidenzschätzung für $\mu_1 - \mu_2$ bei vorgegebenem α durch

$$\bar{x}_1 - \bar{x}_2 - t_{n+m-2,1-\alpha/2}\, s\sqrt{\frac{n+m}{nm}} < \mu_1 - \mu_2 < \bar{x}_1 - \bar{x}_2 + t_{n+m-2,1-\alpha/2}\, s\sqrt{\frac{n+m}{nm}}, \tag{2.41}$$

mit s aus

$$s^2 = \left[\sum_{i=1}^{n} (x_{i1} - \bar{x}_1)^2 + \sum_{i=1}^{m} (x_{i2} - \bar{x}_2)^2\right] / (n + m - 2).$$

Geben wir als Genauigkeit die Länge L des Intervalls (2.41) vor, dann ergeben sich die erwarteten optimalen Stichprobenumfänge aus

$$n^* = m^* = \frac{8t^2_{n+m-2,1-\alpha/2}}{L^2}\sigma^2. \tag{2.42}$$

Wenn von vornherein die Stichprobenumfänge gleich sein sollen, dann ist durch

$$n^* \approx \frac{2\sigma^2(t_{n-1,\alpha/2} + t_{n-1,\beta})^2}{h^2} \tag{2.43}$$

mit der vorgegebenen Mindestdifferenz $h = \mu_1 - \mu_2$ eine Näherung des erwarteten optimalen Umfangs für einen Test mit Fehler 2. Art β gegeben. In (2.42) und (2.43) kann man dann analog zu (2.14) obere Schranken für σ^2 einführen.

Betrachten wir nun eine Aufgabenstellung der statistischen Qualitätskontrolle. Es ist zu prüfen, ob der Ausschußanteil einer vorliegenden Produktion einem vorgegebenen Wert p_0 entspricht. Der Stichprobenumfang ist hier die Anzahl der zufällig entnommenen Probestücke, unter denen der Ausschußanteil festgestellt werden soll. Dieses Problem führt uns auf einen entsprechenden Test zu einem Signifikanzniveau α. Die Behandlung der zugehörigen hypergeometrisch verteilten Testgröße bereitet große numerische Schwierigkeiten, deshalb gehen wir zu einer approximativ normalverteilten Testgröße über. Dieses Vorgehen ist bei nicht zu kleinem Stichprobenumfang gerechtfertigt.

Der für einen Test auf die Hypothese $H_0 : p = p_0$ optimale Stichprobenumfang ergibt sich bei Verwendung der Alternativhypothese $H_A : p = p_1 > p_0$ aus der Beziehung

$$\frac{u_{1-\alpha}\sqrt{np_0(1 - p_0)} - n\Delta + 1}{(n(p_0 + \Delta)(1 - p_0 - \Delta))^{1/2}} = u_\beta \tag{2.44}$$

mit $\Delta = p_1 - p_0$ und vorgegebenem Fehler 2. Art β. Verwenden wir dagegen die Alternativhypothese $H_A : p = p_1 < p_0$, dann benutzen wir den Ausdruck

$$\frac{u_\alpha\sqrt{np_0(1 - p_0)} + n\Delta - 1}{(n(p_0 - \Delta)(1 - p_0 + \Delta))^{1/2}} = u_{1-} \tag{2.45}$$

(vgl. Rasch/Enderlein/Herrendörfer [1]).

Beispiel 2.5: Bei der Lieferung eines bestimmten Bauteils wurde mit dem Zulieferbetrieb ein zulässiger Ausschußanteil von $p_0 = 0{,}1$ vereinbart. Wieviel Bauteile müßten beim Wareneingang geprüft werden, wenn für einen Fehler 1. Art $\alpha = 0{,}05$ und einen Fehler 2. Art $\beta = 0{,}2$ eine Erhöhung des Ausschußanteils um 0,06 nicht mehr toleriert wird.

Aus einer Tafel der kritischen Werte für die Normalverteilung entnehmen wir die Werte $u_{0,95} = 1{,}645$ und $u_{0,20} = -0{,}842$. Mit $\Delta = 0{,}06$ erhalten wir aus (2.44) über

$$\frac{1{,}645\sqrt{n \cdot 0{,}1(1 - 0{,}1)} - n \cdot 0{,}06 + 1}{(n(0{,}1 + 0{,}06)(1 - 0{,}1 - 0{,}06))^{1/2}} = -0{,}842$$

die quadratische Gleichung für $\sqrt{n}$

$$n - 13{,}370\sqrt{n} - 16{,}667 = 0.$$

Die Lösung dieser Gleichung ergibt den optimalen Stichprobenumfang $n^* = 211$. Wir müssen also zur Überprüfung der Güteforderung 211 Versuche durchführen.

Wollen wir durch einen Test eine Entscheidung zwischen zwei vorgegebenen Wahrscheinlichkeiten p_1 und p_2 fällen, dann läßt sich dazu der bekannte Test für die Gleichheit zweier Erwartungswerte ausnutzen, wenn wir die Transformation $x = \arcsin\sqrt{p}$ durchführen. Geben wir uns eine praktisch interessierende Mindestdifferenz

$$h = \arcsin\sqrt{p_2} - \arcsin\sqrt{p_1} \tag{2.46}$$

vor, dann können wir den optimalen Stichprobenumfang bestimmen durch

$$n^* = \frac{(u_\alpha + u_\beta)^2}{2(\arcsin\sqrt{p_1} - \arcsin\sqrt{p_2})^2}\,. \tag{2.47}$$

Für verschiedene α und β gibt es zur Bestimmung von n^* gemäß (2.47) Tabellen, die wir z. B. bei Cochran/Cox [1] finden.

Bei unseren bisherigen Betrachtungen hatten wir stets vorausgesetzt, daß die Familie der Verteilungen, nach der die Grundgesamtheit X verteilt ist, bekannt sei. Wenn das nicht der Fall ist, dann läßt sich die unbekannte Verteilungsfunktion z. B. durch die empirische Verteilungsfunktion schätzen. Auf diese Weise gelangen wir zu einem bestimmten Verteilungstyp. Wir wollen nun den optimalen Stichprobenumfang zur Schätzung der Verteilungsfunktion durch Vorgabe der Breite des Konfidenzbandes als Genauigkeit berechnen. Nach dem bekannten Satz von Kolmogorow (vgl. z. B. Storm [1]) besitzt die Größe $D_n = \max\limits_{x \in R^1} |W_n(x) - F_X(x)|$ eine Verteilung, für die gilt

$$\lim_{n\to\infty} P(D_n\sqrt{n} < \lambda) = K(\lambda) \tag{2.48}$$

mit

$$K(\lambda) = 1 + \sum_{\nu=1}^{\infty} (-1)^\nu e^{-2\nu^2\lambda^2}. \tag{2.49}$$

Dabei ist $W_n(x)$ die empirische Verteilungsfunktion der Stichprobe

Eine Konfidenzschätzung zu vorgegebenem Konfidenzniveau $1 - \alpha$ ist bekanntlich

$$W_n(x) - \lambda_{1-\alpha}/\sqrt{n} < F_X(x) < W_n(x) + \lambda_{1-\alpha}/\sqrt{n}, \tag{2.50}$$

wobei $\lambda_{1-\alpha}$ das entsprechende $(1 - \alpha)$-Quantil der Verteilung (2.49) ist. Die Breite des Konfidenzbandes sei mit L bezeichnet, dann ist

$$L = 2\lambda_{1-\alpha}/\sqrt{n},$$

und somit ergibt sich

$$n^* = 4\lambda_{1-\alpha}^2/L^2. \tag{2.51}$$

Konnten wir uns nach Auswertung einer Stichprobe oder aus früheren Erkenntnissen heraus bereits für einen bestimmten Verteilungstyp entscheiden, dann ist meist nur noch eine Schätzung der Parameter der Verteilungsfunktion von Interesse.

2.4. Zusammenfassung

Es sei $d > 0$ ein vorgegebener Wert, so daß bei $|\hat{\vartheta} - \vartheta| \leqq d$ der Schätzwert $\hat{\vartheta}$ mit dem Parameterwert ϑ identifiziert werden kann. Dann ist die Forderung an n

$$P(|\hat{\Theta}(n) - \vartheta| \leqq d) = 1 - \alpha \qquad (*)$$

sinnvoll, wobei $\alpha > 0$ eine vorgegebene kleine Irrtumswahrscheinlichkeit ist. Bei Kenntnis der Verteilung von $\hat{\Theta}(n)$ läßt sich aus dieser Beziehung ein optimaler Stichprobenumfang berechnen. Genügt $\hat{\Theta}(n)$ einer Normalverteilung, dann ist n explizit angebbar. Der Ausdruck (*) läßt sich auch als Vorgabe der Länge des Konfidenzintervalls zur Schätzung von ϑ deuten.

Auf Grund der Dualitätsbeziehung zwischen der Konfidenzschätzung und einem Test auf die Nullhypothese $H_0 : \vartheta = \vartheta_0$ läßt sich (*) als die Vorgabe einer interessierenden Mindestdifferenz zwischen dem Schätzwert und dem Wert ϑ_0 auffassen. Im Falle normalverteilter Stichproben werden für einige Tests Ausdrücke zur Berechnung eines optimalen Stichprobenumfangs angegeben.

3. Versuchspläne zur Erfassung und Ausschaltung unerwünschter Einflüsse

3.1. Problemstellung

Wie wir bereits in den Abschnitten 1.2.1. und 1.2.2. gesehen haben, werden die auf eine Zielgröße wirkenden Einflüsse in zwei Gruppen aufgeteilt. Dabei enthält die eine Gruppe die in ihrer Wirkung zu untersuchenden Einflüsse und die andere Gruppe die als zufällig vorausgesetzten Einflüsse. Wenn von diesen im Modell als zufällig vorausgesetzten Einflüssen sich einige während des Experiments systematisch ändern, dann kann dies unerwünschte und schwerwiegende Folgen für die Aussagefähigkeit der Versuchsergebnisse haben. Es ist daher eine Aufgabe der Versuchsplanung, dafür zu sorgen, daß solche systematischen Änderungen entweder in zufällige überführt oder daß sie als neue zu untersuchende Einflüsse erfaßt werden. Für den ersteren Fall werden wir die Randomisation (vgl. Abschnitt 3.2.), für den letzteren die Möglichkeiten einer sogenannten Blockbildung (vgl. Abschnitt 3.3.) betrachten.

Zu einer Untersuchung des Einflusses unerwünschter Störgrößen gelangen wir auch durch Anwendung der Kovarianzanalyse (vgl. Abschnitt 1.3.2.).

Eine Ausschaltung unerwünschter Einflüsse ist besonders dann von großem Interesse, wenn durch die Versuche zu klären ist, ob und wie verschiedene Faktoren eine Wirkung auf eine beobachtete Größe hervorrufen. Eine Lösung dieser Aufgabenstellung führt uns zu den Methoden der Varianzanalyse (vgl. Abschnitt 1.3.2.). Daher werden wir in diesem Kapitel einige Möglichkeiten der Versuchsplanung für dieses spezielle lineare Modell behandeln.

3.2. Randomisation

Eine zufällige Zuordnung der Stufen der einzelnen Faktoren (Behandlungen) zu den Versuchseinheiten, d. h. zu den Einzelversuchen, wollen wir als *Randomisation* bezeichnen. Werden alle in ein Experiment einbezogenen Versuchseinheiten allen Behandlungen zufällig zugeordnet, dann sprechen wir von einer *vollständig randomisierten* Versuchsanlage.

Als technisches Hilfsmittel einer solchen Randomisation verwenden wir Tafeln mit Zufallsziffern. Solche Tafeln finden wir z. B. bei Hald [1], Owen [1], Rasch [1], Müller/Neumann/Storm [1].

Gewöhnlich enthält eine Tafel von Zufallsziffern Folgen der zufällig angeordneten Ziffern 0, 1, ..., 9, die Realisierungen von in der Gesamtheit unabhängigen Zufallsgrößen X_i ($i = 1, 2, \ldots$) mit einer diskreten Gleichverteilung sind ($P(X_i = r) = 1/10$ für $r = 0, 1, \ldots, 9$). Es sind jedoch z. B. auch Tafeln normalverteilter Zufallsgrößen und zufälliger Permutationen einer Anzahl von Objekten (z. B. A, B, C, D) bekannt.

Bei der Anwendung einer solchen Tafel denken wir uns die für einen Versuch insgesamt zur Verfügung stehenden Objekte durchnumeriert. Dann entnehmen wir einer Zufallszifferntabelle in einer beliebigen, aber immer systematischen Reihenfolge (z. B. spaltenweise) eine entsprechende Anzahl Zufallszahlen in der Größenordnung der Numerierung und wählen die Objekte mit den erhaltenen Zufallszahlen für die vorgesehene Behandlung aus. Zur Erläuterung dieser Vorgehensweise kehren wir zum Beispiel 1.5 zurück und ändern es geringfügig ab.

Beispiel 3.1: Es sind fünf Weizensorten *A, B, C, D* und *E* hinsichtlich ihres Ertrages zu untersuchen. Das für die Untersuchung vorgesehene Versuchsfeld wird in 20 Teilstücke aufgeteilt, jede Sorte soll dabei auf 4 dieser Stücke angebaut werden. Wie wir bereits im Abschnitt 1.2.2. überlegt haben (siehe Bild 3.1), ist eine Anordnung der Feldstücke in der folgenden Form ungünstig, da eine systematische

A	A	A	A	B	B	B	B	C	C	C	C	D	D	D	D	E	E	E	E

Bild 3.1

Änderung der Bodenqualität von einem Rand des Feldes zum anderen möglich ist. So eine Änderung würde einen Vergleich der Sorten beeinträchtigen. Zur Ausschaltung dieses unerwünschten Einflusses werden wir die 20 Teilfelder den 5 Weizensorten zufällig so zuordnen, daß jede Sorte genau viermal vertreten ist. Dazu entnehmen wir einer Zufallsziffertafel jeweils 2 neben- oder untereinanderstehende Ziffern zu einer Zufallszahl zwischen 00 und 99. Von jeder Zahl subtrahieren wir $k \cdot 20$ mit $k = 0, 1, 2, 3, 4$ und lassen alle die Zahlen weg, die bereits in der Folge vorkommen. Damit erhalten wir z. B. die zufällige Anordnung der Zahlen 01 bis 20

5, 14, 3, 17, 19, 11, 13, 2, 15, 16, 8, 12, 10, 4, 6, 1, 9, 7, 20, 18.

Die ersten vier Zahlen geben die Feldnummern für die Weizensorte *A*, die nächsten vier Zahlen die Feldnummern für die Weizensorte *B* an. Für alle fünf Sorten ergibt sich somit die randomisierte Versuchsanlage (s. Bild 3.2).

D	B	A	D	A	D	E	C	E	D	B	C	B	A	C	C	A	E	B	E	
1	2	3	4	5	6	7	8	9	10	11	12	13	14	15	16	17	18	19	20	Feldnummer

Bild 3.2

Auch aus anderen Anwendungsbereichen lassen sich Problemstellungen in der beschriebenen Weise behandeln. Sollen z. B. fünf Verfahren zur Messung eines bestimmten Qualitätsmerkmals bei der Produktion von Walzgut miteinander verglichen werden, dann läßt sich der durch Bild 3.2 gegebene Versuchsplan ebenfalls verwenden, wenn sich ein störender Einfluß längs des Walzgutes durch systematische Änderung eines Faktors bemerkbar machen könnte.

Auch in dem Fall, daß wir z. B. fünf Typen von Brikettpressen bezüglich der Druckfestigkeit der erzeugten Briketts vergleichen wollen, läßt sich ein vollständig randomisierter Versuchsplan verwenden. Alle fünf Pressen werden mit dem gleichen Mahlgut beschickt. Um systematische Einflüsse auf die Untersuchung, z. B. der Druckfestigkeit, auszuschalten, werden jeder Presse zufällig Briketts für eine Untersuchung entnommen. Die Entnahme eines solchen Probebriketts soll beispielsweise aller 10 min vorgenommen werden können, von jeder Presse werden 4 Proben benötigt, dann ist eine Probenahme nach dem randomisierten Versuchsplan in Bild 3.2 möglich. Wir entnehmen zuerst der Presse *D* ein Brikett, 10 min später der Presse *B*, nach weiteren 10 min der Presse *A* usw.

Einen vollständig randomisierten Versuchsplan können wir also z. B. anwenden, wenn die Wirkung nur eines Faktors auf eine Zielgröße untersucht werden soll. Läßt sich dieser Faktor dabei auf p Stufen einstellen und sind die Voraussetzungen (1.49) an den zufälligen Meßfehler ε erfüllt, dann können wir einen solchen Versuchsplan durch das Modell einer einfachen Klassifikation in der Varianzanalyse auswerten. Bezeichne μ das Gesamtmittel, α_i die Effekte der i-ten Stufe des Faktors und ε_i den zufälligen Fehler, dann gilt für die Beobachtungsergebnisse die Darstellung

$$Y_{ij} = \mu + \alpha_i + \varepsilon_{ij}, \quad i = 1, \ldots, p, \quad j = 1, \ldots, n_i \tag{3.1}$$

[vgl. (1.39)]. Zur numerischen Berechnung einer Realisierung der Testgröße beim Test auf eine Gleichheit der Effekte bedienen wir uns der üblichen Tabelle der Varianzanalyse (vgl. z. B. Ahrens [1]).

3.3. Blockpläne

Im vorangegangenen Abschnitt untersuchten wir die Wirkung nur eines Einflußfaktors A auf eine Zielgröße, alle anderen Einflußfaktoren B, C, ... sollten sich nur zufällig ändern können. Sind die Versuchsergebnisse in der Form (3.1) mit $D^2 Y_{ij} = \sigma^2$ ($i = 1, \ldots, p$; $j = 1, \ldots, n_i$) darstellbar, dann haben wir der Auswertung das Modell der einfachen Klassifikation zugrunde gelegt.

Ist dabei der Parameter σ^2 für die betrachtete Problemstellung unvertretbar groß, verglichen mit Voruntersuchungen bzw. fachspezifischen Überlegungen, dann kann das daran liegen, daß durch das Modell (3.1) einer der wesentlichen Einflüsse nicht mit erfaßt wurde. Es ist dann sinnvoll, einen weiteren Faktor B in das Modell aufzunehmen und zur Darstellung der Versuchsergebnisse durch

$$Y_{ij} = \mu + \alpha_i + \beta_j + \gamma_{ij} + \varepsilon_{ij}, \quad i = 1, \ldots, p, \quad j = 1, \ldots, k, \tag{3.2}$$

überzugehen, wobei β_j die Effekte der j-ten Stufe des Faktors B und γ_{ij} die Wechselwirkungseffekte zwischen A und B darstellen. In vielen Fällen ist es gerechtfertigt, diese Wechselwirkungen unberücksichtigt zu lassen ($\gamma_{ij} = 0$), was wir im folgenden annehmen wollen. Falls jedoch $\gamma_{ij} \neq 0$ gilt, dann ist dies bei der Konstruktion von Versuchsplänen zu berücksichtigen. Im Modell (3.2) sei $D^2 Y_{ij} = \sigma_B^2$, und wir erwarten im Fall, daß der hinzugenommene Faktor B wesentlich ist, eine Herabsetzung der Varianz, d. h. $\sigma_B^2 < \sigma^2$. Dies läßt sich auch durch einen Test auf die Hypothese $\sigma_B^2 = \sigma^2$ prüfen.

Ein Test auf diese Hypothese ist gleichbedeutend damit, daß wir die Hypothese $\beta_1 = \beta_2 = \cdots = \beta_k = 0$ testen. In beiden Fällen benötigen wir Schätzungen für σ^2 und σ_B^2, die wir durch die Methode der kleinsten Quadrate bestimmen können.

Ist $\hat{Y}_i$ eine Schätzung für EY_i ($i = 1, \cdots, p$), dann ist durch

$$S^2 = \frac{1}{n - p} \sum_{i=1}^{p} (Y_i - \hat{Y}_i)^2$$

eine Schätzung für σ^2 gegeben. Der Parameter σ_B^2 werde durch

$$S_B^2 = \frac{1}{(p - 1)(k - 1)} \sum_{i=1}^{p} \sum_{j=1}^{k} (Y_{ij} - \hat{Y}_{ijB})^2$$

geschätzt, wobei $\hat{Y}_{ijB}$ eine Schätzung für EY_{ij} nach (3.2) ist. Zur Berechnung dieser Schätzungen werden wir die bekannten Tafeln der Varianzanalyse heranziehen. Die für einen Test auf die Hypothese $\sigma_B^2 = \sigma^2$ benutzte Testgröße genügt bekanntlich einer F-Verteilung (vgl. Bd. 17) mit den Parametern $n-p$ und $(p-1)(k-1)$ (es ist offensichtlich $pk = n$). Auf ein ähnliches Testproblem werden wir auch im Kapitel 4 eingehen.

Wir wollen nun beschreiben, wie solche Versuchspläne zur Erfassung des Einflusses des zweiten Faktors konstruiert werden können. Insgesamt werden pk Versuche durchgeführt, und zwar p Versuche, bei denen jede Behandlung des Faktors A mit genau einer Behandlung des Faktors B vorkommt. Diesen Teil des Versuchsplanes wollen wir als *Block* bezeichnen. Wir führen nun die p Versuche in einem Block für alle Behandlungen von B durch.

Beispiel 3.2: Es ist die Wirkung von fünf Verfahren zur Düngung von Bäumen zu untersuchen (wir verwenden vier verschiedene Dünger und führen einen Blindversuch ohne Dünger zur Kontrolle durch). Für die Versuchsdurchführung wählen wir in einem Wald durch eine vollständige Randomisation 50 Bäume aus, die 10 verschiedenen Altersklassen angehören mögen. Führten wir einen vollständig randomisierten Versuchsplan für das Modell (3.1) durch, dann hätten wir durch den Einfluß des Alters mit einem hohen Wert für σ^2 zu rechnen.

Teilen wir jedoch die Bäume so in 10 Blocks ein, daß sich in jedem Block fünf Bäume befinden, die sich hinsichtlich des Alters nur wenig unterscheiden (also zu einer Altersgruppe gehören), und führen wir in jedem Block alle fünf Behandlungen durch, die wir den Bäumen zufällig zuordnen, dann wird $\sigma_B^2 < \sigma^2$ sein, da das Alter der Bäume ebenfalls einen wesentlichen Einfluß auf die die Wirkung der Düngung messende Kenngröße hat.

Durch eine Blockbildung kann sich die Randomisation nur noch über die p Stufen (Behandlungen) des Faktors innerhalb eines Blockes erstrecken, sie geht nicht über einen Block hinaus, ist also im Gegensatz zur vollständigen Randomisation eingeschränkt. Für die Behandlung einer praktischen Aufgabenstellung muß nun von Fall zu Fall entschieden werden, ob ein Versuchsplan aufgestellt wird, der eine vollständig randomisierte Versuchsanlage erfordert oder ob durch eine Blockbildung, d. h. durch Berücksichtigung eines weiteren Einflußfaktors, des sogenannten „Blockeffekts", und durch eine Erfassung dieser Wirkung bei einer eingeschränkten Randomisation eine bessere Versuchsaussage (im Sinne einer kleineren Varianz) erhalten werden kann.

Die hier beschriebene Vorgehensweise ist auch dann noch anwendbar, wenn wir mehrere solcher zusätzlich zu berücksichtigenden Faktoren erfassen wollen. Wir werden dann auf Versuchspläne geführt, die Blockbildungen in mehreren Richtungen besitzen (vgl. die Abschnitte 3.4. und 3.5.).

3.3.1. Vollständige Blockpläne

Wenn die einzelnen Blocks so groß gewählt werden, daß die Anzahl der Versuchseinheiten innerhalb eines Blockes mindestens mit der Anzahl der Behandlungen (Stufen des zu untersuchenden Faktors) übereinstimmt, dann heißt ein solcher Versuchsplan *vollständiger Block*. Jede Behandlung soll dabei in jedem Block mindestens einmal auftreten, innerhalb eines Blockes wird eine zufällige Zuordnung zwischen Versuchseinheiten und Behandlungen vorgenommen (wir sprechen dann auch von randomisierten vollständigen Blockplänen). Betrachten wir beispielsweise die folgende Problemstellung:

In einem Versuch ist der Einfluß eines Faktors A zu prüfen, wobei A die Stufen

$A^{(1)}, \ldots, A^{(p)}$ annehmen kann. Die vollständigen Blocks müssen dann jeweils mindestens p Versuchseinheiten umfassen. Für $p = 5$ erhalten wir z. B. für n = 20 deshalb $k = 4$ Blocks (s. Tab. 3.1).

Tabelle 3.1

Nr. des Blocks	Stufen des Faktors A				
1	A_3	A_5	A_2	A_1	A_4
2	A_1	A_4	A_3	A_5	A_2
3	A_4	A_2	A_5	A_3	A_1
4	A_1	A_4	A_2	A_3	A_5

Bei der Auswertung eines Blockplanes haben wir außer dem interessierenden Faktor A noch einen zweiten Faktor zu berücksichtigen. Da zwischen beiden Faktoren keine Wechselwirkungen berücksichtigt werden sollen, wählen wir zur Auswertung der Versuchsergebnisse das Modell der Varianzanalyse mit spezieller zweifacher Klassifikation [vgl. (1.41)]

$$Y_{ij} = \mu + \alpha_i + \beta_j + \varepsilon_{ij}, \quad i = 1, \ldots, p, \quad j = 1, \ldots, k. \tag{3.3}$$

Dabei ist bekanntlich μ das Gesamtmittel, α_i der Effekt des Faktors A auf der i-ten Stufe (d. h. die Abweichung von μ durch $A^{(i)}$) und β_j der Effekt des j-ten Blockes. Für den zufälligen Fehler ε_{ij} gelte die Voraussetzung (1.49).

Ein Experimentator steht häufig vor der Frage, welchen Typ eines Versuchsplanes er verwenden soll. Wir wollen deshalb eine Möglichkeit kennenlernen, einen vollständig randomisierten Versuchsplan und einen vollständigen Blockplan bezüglich ihrer Wirksamkeit zu vergleichen. Wie wir bereits bemerkt haben, lassen sich die Varianzen σ^2 und σ_B^2 für eine Beurteilung der Güte des verwendeten Modells ausnutzen. Verwenden wir einen vollständig randomisierten Versuchsplan, dann ist S^2 eine Schätzung für σ^2 [$(n - p)S^2/\sigma^2$ ist χ^2-verteilt mit dem Parameter $f_1 = n - p$]. Bei Verwendung eines vollständigen Blockplanes schätzen wir σ_B^2 durch S_B^2 [die Zufallsgröße $\dfrac{(p-1)(k-1)S_B^2}{\sigma_B^2}$ ist χ^2-verteilt mit dem Parameter $f_2 = (p - 1)(k - 1)$].

Als Maß für die Effektivität eines Blockplanes wurde von Fisher (vgl. Cochran/Cox [1]) der Quotient

$$\eta = \frac{(f_2 + 1)(f_1 + 3)s^2}{(f_1 + 1)(f_2 + 3)s_B^2} \tag{3.4}$$

eingeführt, dabei sind s^2 und s_B^2 Realisierungen von S^2 und S_B^2. In Anlehnung an die in der mathematischen Statistik übliche Bezeichnung wollen wir η *relativen Wirkungsgrad* nennen.

Liegt eine Realisierung eines vollständigen Blockplanes zur Auswertung vor, dann entnehmen wir der Tabelle der Varianzanalyse (vgl. z. B. Ahrens [1]) den Schätzwert s_B^2. Auf Grund einer einfachen Überlegung läßt sich aus dieser Tabelle auch noch ein Schätzwert s^2 berechnen. Hätten wir einen vollständig randomisierten Plan realisiert, dann wäre der zweite Faktor im Modell (3.3) unberücksichtigt geblieben und hätte zu einer anderen Varianz σ^2 geführt. Als Schätzung für σ^2 unter Verwendung einer Tabelle der Varianzanalyse für ein Modell der Form (3.3) können wir benutzen

$$S^2 = (k(p-1)\,S_B^2 + (k-1)\,MQ_B)/(pk-1)$$

mit

$$MQ_B = SQ_B/(k-1)$$

und

$$SQ_B = \sum_{j=1}^{k} \frac{Y_{.j}^2}{p} - \frac{Y_{..}^2}{pk}.$$

Zu einer Schätzung von σ^2 können wir auch durch Blindversuche gelangen.

Der relative Wirkungsgrad η [vgl. (3.4)] gibt nur die Größenordnung an, in der sich die Varianzen σ^2 und σ_B^2 unterscheiden. Für eine Anwendung bei praktischen Aufgabenstellungen, vor allem dann, wenn kleine Werte von f_1 und f_2 vorliegen, ist deshalb η nicht sehr vorteilhaft. Besser geeignet ist dann ein von Cochran/Cox [1] und Rasch/Herrendörfer/Bock/Busch [1] angegebenes Entscheidungsverfahren, das von einem entsprechenden Test ausgeht.

Beispiel 3.3: Fünf Sorten Sommerweizen (*A*, *B*, *C*, *D* und *E*) sind bezüglich ihres Ertrages zu untersuchen. Dazu verwenden wir einen vollständigen Blockplan mit 4 Blocks (s. Tab. 3.2).

Tabelle 3.2

Nr. des Blocks	Stufen des Faktors (Sorten)				
1	*C*	*D*	*B*	*E*	*A*
2	*D*	*A*	*B*	*E*	*C*
3	*A*	*E*	*C*	*D*	*B*
4	*E*	*D*	*A*	*B*	*C*

Auf diesen 20 Parzellen wurden folgende Erträge [10 kg/ha] registriert (s. Tab. 3.3). Werten wir diesen Versuch durch eine Varianzanalyse mit spezieller zweifacher Klassifikation aus, dann ergeben sich

Tabelle 3.3

Block Nr.					
1	446	409	440	421	464
2	376	441	393	402	334
3	407	410	321	309	320
4	327	296	376	351	343

die in Tabelle 3.4 zusammengefaßten Resultate (dabei verwenden wir die übliche Varianztabelle, vgl. z. B. Ahrens [1]).

Tabelle 3.4

Quelle der Variation	*SQ*	Freiheitsgrade	*MQ*
Zwischen den Sorten	1875,7	4	468,9
Zwischen den Blocks	28201,0	3	9400,3
Versuchsfehler	19795,5	12	1649,6

Vergleichen wir nun diesen Blockversuch mit einer vollständig randomisierten Versuchsanlage durch den relativen Wirkungsgrad. Für S_B^2 entnehmen wir der Tabelle 3.4 den Schätzwert

$$s_B^2 = 1649{,}6.$$

Mit $MQ_B = 9400{,}3$ und s_B^2 berechnen wir den Schätzwert s^2

$$s^2 = \frac{1}{5 \cdot 4 - 1}\,[4(5-1) \cdot 1649{,}6 + (4-1) \cdot 9400{,}3]$$

$$s^2 = 2873{,}4.$$

Für (3.4) ergibt sich mit $f_1 = 15$ und $f_2 = 12$ der relative Wirkungsgrad

$$\eta = \frac{(12+1) \cdot (15+3) \cdot 2873{,}4}{(15+1) \cdot (12+3) \cdot 1649{,}6} = 1{,}698,$$

d. h., ein vollständiger Blockplan ist im vorliegenden Fall wesentlich wirksamer als eine vollständig randomisierte Versuchsanlage.

Spezielle vollständige Blockpläne sind die sogenannten Lateinischen Quadrate, Lateinischen Rechtecke und Griechisch-lateinischen Quadrate. Da diese Versuchspläne aber eine besondere Rolle in der Varianzanalyse spielen, wollen wir ihnen einen besonderen Abschnitt widmen (vgl. Abschnitt 3.4).

3.3.2. Unvollständige Blockpläne

Solange die Anzahl der Stufen eines Einflußfaktors klein ist, bleiben auch die Umfänge der Blocks klein und somit der Versuchsaufwand in erträglichen Grenzen. Für einen Faktor A auf 4 Stufen und einen Faktor B auf 5 Stufen (5 Blocks) erfordert ein vollständiger Blockplan z. B. $n \geqq 20$ Versuche, in jedem Block also mindestens 4 Versuche. Muß der Faktor A auf einer großen Anzahl von Stufen untersucht werden, steigt auch die Anzahl der Versuche in einem Block stark an. Wird A z. B. auf 15 Stufen beobachtet, dann beträgt der Blockumfang, sollen alle Stufen in einem Block vorkommen, ebenfalls 15; insgesamt werden dann $n = 75$ Versuche notwendig sein. Bei vielen praktischen Problemstellungen ist es jedoch entweder nicht möglich, einen Block von diesem Umfang aufzustellen, oder die dem Block entsprechende Stufe des Faktors B läßt sich für so viele Versuche nicht unverändert beibehalten. Aus diesen und anderen Gründen sind Versuchspläne entwickelt worden, bei denen die Anzahl p der Behandlungen des Faktors A größer ist als die Anzahl n_p der Versuchseinheiten in einem Block, wir sprechen in diesem Fall von einem *unvollständigen Block*. Konstruieren wir einen unvollständigen Block, so daß jede Stufe des Faktors A mit jeder anderen Stufe desselben Faktors mindestens einmal in diesem Block vorkommt, dann nennen wir diese Versuchsanlage *balanciert*.

Die Aufstellung von balancierten unvollständigen Blockplänen ist sehr schwierig. Deshalb sind solche Versuchspläne tabellarisch zusammengefaßt, z. B. bei Rasch/Enderlein/Herrendörfer [1] und bei Cochran/Cox [1]. Zur Beschreibung dieser Pläne benötigen wir fünf Parameter:

p – (v) – Anzahl der Behandlungen (Stufen) des Faktors A,

n_p – (k) – Anzahl der Versuchseinheiten in einem Block,

ν – (r) – Anzahl der Wiederholungen jeder Behandlung von A im Gesamtversuch,

k – (b) – Anzahl der Blocks, d. h. Anzahl der Stufen des Faktors B,

λ – (λ) – Anzahl des gemeinsamen Auftretens zweier Behandlungen des Faktors A im Gesamtversuch.

In Klammern wurde jeweils die in der Biometrie übliche Bezeichnung für die Parameter angegeben.

Zwischen diesen fünf Parametern müssen die folgenden Beziehungen erfüllt sein:

$$kn_p = vp, \tag{3.5}$$

$$\lambda = \frac{v(n_p - 1)}{p - 1}. \tag{3.6}$$

Es ist üblich, für balancierte unvollständige Blocks nur *Strukturpläne* anzugeben. Nach der Auswahl eines für das Problem geeigneten Strukturplanes müssen wir die Behandlungen innerhalb der Blocks den Versuchseinheiten zufällig zuordnen, die einzelnen Blocks werden ebenfalls untereinander zufällig geordnet. Auf diese Weise erhalten wir eine randomisierte Versuchsanlage zur Untersuchung der Wirkung zweier Faktoren A und B auf eine Zielgröße.

Wir geben nun einige ausgewählte Strukturpläne an:

1. Die Parameter des Blockplanes seien

$p = 4, n_p = 2, v = 3, k = 6, \lambda = 1.$

Werden die Stufen mit 1, 2, 3 und 4 bezeichnet, dann ist der Plan gegeben durch

1 2	1 3	1 4
3 4	2 4	2 3 ,

d. h.

Block 1: Behandlungen 1 2 }
Block 2: Behandlungen 3 4 } 1. Wiederholung der Behandlungen ($v = 1$),

Block 3: Behandlungen 1 3 }
Block 4: Behandlungen 2 4 } 2. Wiederholung der Behandlungen ($v = 2$),

Block 5: Behandlungen 1 4 }
Block 6: Behandlungen 2 3 } 3. Wiederholung der Behandlungen ($v = 3$).

2. Der Blockplan für

$p = 6, n_p = 2, v = 5, k = 15, \lambda = 1$

hat die in Wiederholungen gruppierte Form

1 2	1 3	1 4	1 5	1 6
3 4	2 5	2 6	2 4	2 3
5 6	4 6	3 5	3 6	4 5

3. Für die Parameter

$p = 10, n_p = 4, v = 6, k = 15, \lambda = 2$

ergibt sich der Blockplan

1 2 3 4	1 6 8 10	3 5 9 10
1 2 5 6	2 3 6 9	3 6 7 10
1 3 7 8	2 4 7 10	3 4 5 8
1 4 9 10	2 5 8 10	4 5 6 7
1 5 7 9	2 7 8 9	4 6 8 9

Der Parameter $\lambda = 2$ drückt dabei aus, daß jede Stufe des Faktors A (z. B. Stufe 10) mit jeder anderen Stufe von A genau zweimal gekoppelt wird,

z. B. 10 mit 1 im Block 4 und 6,
10 mit 2 im Block 8 und 9,
10 mit 3 im Block 11 und 12
usw.

Für eine Auswertung der Versuche, die nach einem balancierten unvollständigen Blockplan durchgeführt wurden, ziehen wir ein Modell der Varianzanalyse mit spezieller zweifacher Klassifikation heran. Das Beobachtungsergebnis sei in der Form

$$Y_{ijl} = \mu + \alpha_i + \beta_j + \varepsilon_{ijl}, \quad i = 1, \ldots, p, \quad j = 1, \ldots, k, \quad l = 1, \ldots, v, \tag{3.7}$$

darstellbar. Zur Durchführung des Testes auf die Hypothese $H_0 : \alpha_1 = \alpha_2 = \cdots = \alpha_p$ benutzen wir bei der Berechnung einer Realisierung der Testgröße die Tafel der Varianzanalyse, die entsprechend der speziellen Struktur des Versuchsplanes modifiziert werden muß. Berücksichtigen wir v Wiederholungen, so erfolgt die Berechnung nach Tab. 3.5 (vgl. Rasch/Enderlein/Herrendörfer [1]).

Tabelle 3.5

Quelle der Variation	SQ	Freiheitsgrade	SQ_2	MQ_1	MQ_2
Behandlungen (Faktor A)	SQ_A	$p - 1$	$SQ_{A,\text{korr}}$		MQ_A
Blocks (Faktor B)	$SQ_{B,\text{korr}}$	$k - v$	SQ_B	MQ_B	
Wiederholungen	SQ_W	$v - 1$	SQ_W		
Versuchsfehler	SQ_R	$vp - p - k + 1$	SQ_R	MQ_R	MQ_R
Gesamt	SQ_G	$vp - 1$	SQ_G		

Im einzelnen haben wir folgende Abkürzungen benutzt:

$$SQ_{A,\text{korr}} = \frac{p-1}{n_p v p (n_p - 1)} \sum_{i=1}^{p} Q_i^2,$$

$$SQ_{B,\text{korr}} = SQ_B + SQ_{A,\text{korr}} - SQ_A,$$

$$Q_i = n_p A_i - K_i,$$

A_i – Summe der Beobachtungswerte der i-ten Behandlung,

K_i – Summe der Blocksummen, in denen die i-te Behandlung auftritt,

$$SQ_B = \frac{1}{n_p} \sum_{j=1}^{k} B_j^2 - \frac{G^2}{vp} - SQ_W,$$

B_j – Summe der Beobachtungswerte des j-ten Blocks,

$$G = \sum_{i,j,l=1}^{p,k,v} y_{ijl} \quad \text{(Gesamtsumme)},$$

$$SQ_W = \frac{1}{p} \sum_{l=1}^{p} W_l^2 - \frac{G^2}{vp},$$

$$W_i = \sum_{j,l=1}^{k,v} y_{ijl} \quad \text{(Summe der Beobachtungen der } i\text{-ten Wiederholung)},$$

$$SQ_A = \frac{1}{v} \sum_{i=1}^{p} A_i^2 - \frac{G^2}{vp},$$

$$SQ_G = \sum_{i,j,l=1}^{p,k,v} y_{ijl}^2 - \frac{G^2}{vp}.$$

Mit der Realisierung $\frac{MQ_A}{MQ_R}$ der F-verteilten Testgröße mit den Parametern $f_1 = p - 1$ und $f_2 = vp - p - k + 1$ können wir einen Test auf H_0 durchführen. Die Schätzwerte der einzelnen Behandlungen α_i sind bei Verwendung eines balancierten, unvollständigen Blockplanes nicht einfach vergleichbar, sie müssen durch den Faktor

$$W = \frac{v(MQ_B - MQ_R)}{vp(n_p - 1)\,MQ_B + n_p(k - v - p + 1)\,MQ_R} \tag{3.8}$$

korrigiert werden. Die korrigierten Mittelwerte berechnen wir dann aus

$$\bar{y}_{i,\text{korr}} = \frac{A_i + WZ_i}{v} \tag{3.9}$$

mit $$Z_i = (p - n_p)\,A_i - (p - 1)\,K_i + (n_p - 1)\,G. \tag{3.10}$$

Wir wollen nun diese recht komplizierte Auswertung an einem Beispiel demonstrieren.

Beispiel 3.4: Durch einen Versuch soll der Ertrag von 6 Kartoffelsorten verglichen werden, und es ist zu prüfen, ob zwischen den einzelnen Sorten signifikante Unterschiede im Ertrag bestehen. Wegen großer Bodenunterschiede im Versuchsfeld kann ein Block jeweils nur 2 Behandlungen umfassen. Wir wählen deshalb einen balancierten unvollständigen Blockplan mit $p = 6$, $n_p = 2$, $v = 5$, $k = 15$ und $\lambda = 1$ aus.

1 2	1 3	1 4	1 5	1 6
3 4	2 5	2 6	2 4	2 3
5 6	4 6	3 5	3 6	4 5

Durch Randomisation ergab sich der folgende Versuchsplan (Tab. 3.6). In die Tabelle wurden die Ergebnisse der entsprechenden Messungen mit eingetragen (vgl. Rasch/Enderlein/Herrendörfer [1]).

Führen wir in der angegebenen Weise die Varianzanalyse durch, dann erhalten wir die Realisierung

$$\frac{MQ_A}{MQ_R} = \frac{1954{,}8}{38{,}25} = 51{,}10.$$

Für ein vorgegebenes Signifikanzniveau $\alpha = 0{,}05$ beträgt das $(1 - \alpha)$-Quantil der F-Verteilung mit den Parametern

$$f_1 = 6 - 1 = 5 \quad \text{und} \quad f_2 = 5 \cdot 6 - 6 - 15 + 1 = 10$$

$$F_{5;10;0{,}95} = 3{,}326.$$

Also müssen wir auf Grund der Stichprobe die Hypothese, daß zwischen den 6 Kartoffelsorten kein Unterschied im Ertrag besteht, verwerfen.

Tabelle 3.6

Wieder-holungen	Blocks	Behandlungen	Erträge (dt/ha)	Block-summe	W_i
	1	1	201		
		2	234	435	
1	2	3	197		
		4	218	415	
	3	5	194		
		6	228	422	1272
	4	4	223		
		6	235	458	
2	5	3	237		
		1	265	502	
	6	5	214		
		2	283	497	1457
	7	1	218		
		4	199	417	
3	8	6	211		
		2	240	451	
	9	5	206		
		3	228	434	1302
	10	2	278		
		4	245	523	
4	11	1	266		
		5	203	469	
	12	6	277		
		3	261	538	1530
	13	5	151		
		4	206	357	
5	14	1	268		
		6	260	528	
	15	2	228		
		3	185	413	1298
				Gesamt-summe	6859

Bei der Auswertung von Versuchen mit unvollständigen Blocks läßt sich auch eine sogenannte Zwischenblockinformation ausnutzen. Eine weitere wichtige Klasse von Versuchsplänen stellen die teilweise balancierten unvollständigen Blocks dar. Zu diesen beiden Erweiterungen der balancierten unvollständigen Blocks vgl. Cochran/Cox [1].

3.4. Lateinische Quadrate

Kehren wir zu dem Beispiel 1.5 im Kapitel 1 zurück und betrachten unser Versuchsfeld. Bisher haben wir als auszuschaltenden bzw. besonders zu erfassenden Faktor eine Änderung der Bodenqualität in nur einer Richtung (von links nach rechts) angenommen. Vielfach ist aber auch eine Qualitätsänderung in einer zweiten Richtung zu verzeichnen. Es gelang uns, durch Blockbildung den unerwünschten Einfluß in einer Richtung auszuschalten. Wenden wir das Prinzip noch einmal an, dann können wir auch den unerwünschten Einfluß in einer zweiten Richtung ausschalten. Wir gelangen so zu einer Versuchsanlage, bei der die Anzahl der Blocks der Anzahl der Behandlungen (Stufen eines Faktors) und der Anzahl der Wiederholungen in einem Block entspricht. Solch eine Versuchsanlage wollen wir *lateinisches Quadrat* nennen.

Es soll nun die Konstruktion eines lateinischen Quadrates an einem Beispiel demonstriert werden. Dabei gehen wir in zwei Schritten vor. Es ist die Wirkung eines Faktors zu untersuchen, der auf 4 Stufen (*A*, *B*, *C* und *D*) eingestellt werden kann. Der erste Block unseres quadratischen Schemas enthält eine systematische Anordnung der vier Behandlungen, in jedem weiteren Block werden die Behandlungen zyklisch vertauscht. Da wir vier Behandlungen haben, bekommen wir auch vier Blocks, die wir als Zeilen einer matrixartigen Anordnung auffassen können. In den Spalten dieser Anordnung kommt jede Behandlung auch genau einmal vor. Wir erhalten Tab. 3.7.

Tabelle 3.7

	Spalten			
Blocks	1	2	3	4
1	*A*	*B*	*C*	*D*
2	*D*	*A*	*B*	*C*
3	*C*	*D*	*A*	*B*
4	*B*	*C*	*D*	*A*

Im zweiten Schritt müssen wir nun den Strukturplan (Tab. 3.7) randomisieren. Eine Randomisation ist in diesem Fall innerhalb der Blocks und zwischen den Blocks möglich, wir erhalten also ebenfalls eine Einschränkung der vollständigen Randomisation. Zur Herstellung der zufälligen Anordnung entnehmen wir einer entsprechenden Tabelle eine zufällige Permutation der Zahlen 1, 2, 3 und 4. Erhalten wir z. B. die

Tabelle 3.8

	1	2	3	4
3	*C*	*D*	*A*	*B*
4	*B*	*C*	*D*	*A*
2	*D*	*A*	*B*	*C*
1	*A*	*B*	*C*	*D*

Permutationen 3 4 2 1 und 1 4 3 2, dann schreiben wir die Blocks in der Reihenfolge der ersten Permutation auf (Tab. 3.8) und anschließend die Spalten in der Reihenfolge der zweiten Permutation (Tab. 3.9) oder umgekehrt.

Mit Tabelle 3.9 haben wir einen realisierbaren Versuchsplan gefunden. Erfüllt der zufällige Fehler ε die Voraussetzungen (1.49), dann können wir zur Auswertung der Versuchsergebnisse ein Modell der Varianzanalyse mit einer speziellen dreifachen Klassifikation heranziehen. Die Beobachtungswerte seien darstellbar durch

$$Y_{ijl} = \mu + \alpha_i + \beta_j + \gamma_l + \varepsilon_{ijl}, \quad i, j, l = 1, \ldots, n. \tag{3.11}$$

Tabelle 3.9

	1	4	3	2
3	*C*	*B*	*A*	*D*
4	*B*	*A*	*D*	*C*
2	*D*	*C*	*B*	*A*
1	*A*	*D*	*C*	*B*

Dabei bedeuten

μ – Gesamtmittel,

α_i – Abweichung von μ durch den i-ten Block ($i = 1, \ldots, n$),

β_j – Abweichung von μ durch die j-te Spalte ($j = 1, \ldots, n$),

γ_l – Abweichung von μ durch die l-te Behandlung ($l = 1, \ldots, n$).

Wir können zur Auswertung der Versuche wieder die bekannte Varianztabelle für eine spezielle dreifache Klassifikation (vgl. z. B. Ahrens [1]) verwenden (Tab. 3.10),

Tabelle 3.10

Quelle der Variation	*SQ*	Freiheitsgrade	*MQ*	*F*
Behandlungen (Faktor A)	SQ_A	$n-1$	MQ_A	$F_A = MQ_A/MQ_R$
Blocks (Faktor *B*)	SQ_B	$n-1$	MQ_B	$F_B = MQ_B/MQ_R$
Spalten (Faktor *C*)	SQ_C	$n-1$	MQ_C	$F_C = MQ_C/MQ_R$
Versuchsfehler	SQ_R	$(n-1)(n-2)$	MQ_R	
Gesamt	SQ_G	n^2-1		

wobei die einzelnen Größen folgende Bedeutung haben:

$$B_i = \sum_{j,k}^{n} y_{ijk}, \quad C_j = \sum_{i,k}^{n} y_{ijk}, \quad A_k = \sum_{i,j}^{n} y_{ijk}, \quad G = \sum_{i,j,k}^{n} y_{ijk},$$

$$SQ_G = \sum_{i,j}^{n} y_{ijk}^2 - \frac{G^2}{n^2}, \qquad SQ_C = \frac{1}{n}\sum_{j}^{n} C_j^2 - \frac{G^2}{n^2},$$

$$SQ_B = \frac{1}{n}\sum_{i}^{n} B_i^2 - \frac{G^2}{n^2}, \qquad SQ_A = \frac{1}{n}\sum_{k}^{n} A_k^2 - \frac{G^2}{n^2},$$

$$SQ_R = SQ_G - SQ_B - SQ_C - SQ_A.$$

Für ein vorgegebenes Signifikanzniveau α läßt sich mit den Gößen F_A, F_B und F_C ein Test durchführen, ob die Variationsursache (Faktor A, B oder C) signifikante Abweichungen von der Gleichheit der entsprechenden Erwartungswerte verursacht. Der kritische Bereich wird dabei durch das $(1-\alpha)$-Quantil der F-Verteilung, durch

$$F_{(n-1),(n-1)(n-2);(1-\alpha)}$$

festgelegt.

Beispiel 3.5: Zur Herstellung eines Werkzeuges wurden vier verschiedene Verfahren entwickelt. Wir wollen die Hypothese prüfen, ob die vier Verfahren A, B, C, D zur gleichen mittleren Lebensdauer des Werkzeuges führen. Da die Lebensdauer auch von der Reinheit des verwendeten Materials und von der Qualifikation des das Werkzeug benutzenden Arbeiters abhängt, müssen wir diese Einflüsse berücksichtigen und gesondert erfassen, da sie die Lebensdaueruntersuchung in Abhängigkeit vom verwendeten Verfahren systematisch verfälschen würden. Als Versuchsplan verwenden wir deshalb ein lateinisches Quadrat der Größe 4 × 4, die Zeilen dieses Quadrates repräsentieren die Qualifikation der Arbeiter und die Spalten die Reinheit des Materials.

Eine bereits randomisierte Form des Strukturplanes ist

$$\begin{matrix} A & B & D & C \\ D & C & A & B \\ C & D & B & A \\ B & A & C & D. \end{matrix}$$

Für die dritte Zeile heißt das z. B., daß der Arbeiter mit der Qualifikationsstufe 3 Werkzeuge bis zum Verschleiß benutzt, die mit Verfahren C bei der Reinheitsstufe 1, mit Verfahren D bei der Reinheitsstufe 2 usw. hergestellt wurden. Als Versuchsergebnisse (Tab. 3.11) erhielten wir die Lebensdauer in Betriebsstunden.

Tabelle 3.11

				Zeilensumme (B_i)
251	241	227	229	948
234	273	274	226	1007
235	236	218	268	957
195	270	230	225	920
915	1020	949	948	3832
Spaltensumme (C_i)				Gesamtsumme (G)

Tabelle 3.12

Quelle der Variation	*SQ*	Freiheitsgrade	*MQ*	*F*
Behandlungen	4621,5	3	1540,5	25,15
Blocks	986,5	3	328,8	5,37
Spalten	1468,5	3	489,5	7,99
Versuchsfehler	367,5	6	61,25	
Gesamt	7444,0	15		

Daraus berechnen wir die für die Varianzanalyse benötigten Werte.

$$A_1 = 251 + 274 + 268 + 270 = 1063,$$

$$A_2 = 880,$$

$$A_3 = 967,$$

$$A_4 = 922$$

und erhalten Tab. 3.12.

Vergleichen wir die Werte der letzten Spalte aus Tabelle 3.12 mit dem $(1-\alpha)$-Quantil der F-Verteilung für $\alpha = 0{,}05$, wobei die Parameter der Verteilung $f_1 = n - 1 = 3$ und $f_2 = (n-1)(n-2) = 6$ betragen, dann stellen wir fest, daß

$$F_{3;6;0.95} = 4{,}756 < 5{,}37 < 7{,}99 < 25{,}15$$

gilt. Somit führt mindestens ein Verfahren zu einer Erhöhung der Lebensdauer des Werkzeuges.

Eine Voraussetzung für die Anwendung eines lateinischen Quadrates zur Auswertung von Versuchen ist, daß für alle n^2 Versuche auch Ergebnisse vorliegen. Es kann aber sehr leicht vorkommen, daß ein Wert bei der Versuchsdurchführung verlorengeht oder sich als unbrauchbar erweist (z. B. sogenannte Ausreißer). Damit wir die Auswertung trotzdem vornehmen können, wollen wir den fehlenden Wert aus den vorliegenden Ergebnissen schätzen und dabei die Schätzung so bestimmen, daß SQ_R möglichst klein wird.

Wir geben hier keine Ableitung des Schätzverfahrens, sondern verweisen auf die Literatur (Linder [1]). Als Schätzwert wird dort vorgeschlagen

$$u = \frac{n(Z + P + V) - 2G'}{(n-1)(n-2)}, \tag{3.12}$$

wobei folgende Bezeichnung benutzt wurde:

Z – Summe der Meßwerte in der Zeile mit fehlender Angabe,

P – Summe der Meßwerte in der Spalte mit fehlender Angabe,

V – Summe der Meßwerte für die Behandlung mit fehlender Angabe,

G' – Gesamtsumme der Meßergebnisse.

Beispiel 3.6: Für das lateinische Quadrat in Tabelle 3.9 erhielten wir folgende Ergebnisse

640	**670**	641	661
625	610	558	598
608	589	*	653
649	630	621	**639**

(der Wert * liegt nicht vor).

Um nach (3.12) einen Schätzwert für die fehlende Angabe zu berechnen, ermitteln wir für $n = 4$

$$Z = 608 + 589 + 653 = 1850,$$

$$P = 641 + 558 + 621 = 1820,$$

$$V = 670 + 625 + 639 = 1934$$

(es fehlt eine Angabe für die Behandlung B, vgl. Tabelle 3.9).

$$G' = 640 + 625 + \cdots + 653 + 639 = 9392,$$

also ist

$$u = \frac{4(1850 + 1820 + 1934) - 2 \cdot 9392}{(4-1)\cdot(4-2)} = \underline{\underline{605{,}33}}.$$

3.5. Lateinisches Rechteck, griechisch-lateinisches Quadrat

Das lateinische Quadrat ist eine Versuchsanlage zur Beurteilung von Faktoren mit nur wenigen Stufen, eine hohe Stufenzahl benötigt viele Wiederholungen. So wie wir vom vollständigen Blockplan zum unvollständigen Blockplan übergegangen sind, wollen wir auch hier eine Modifikation des lateinischen Quadrates angeben. Wenn die Anzahl der Stufen ein Vielfaches der Anzahl der Spalten (bzw. Blocks) beträgt, dann können wir ein *lateinisches Rechteck* konstruieren. Dabei sind wir aber nicht mehr in der Lage, systematische Unterschiede innerhalb eines Blocks von Versuchseinheit zu Versuchseinheit durch Randomisation auszuschalten, sondern nur noch nach jeder zweiten, dritten usw. Versuchseinheit. Eine Auswertung von Versuchen nach einem lateinischen Rechteck wird analog zur Auswertung eines lateinischen Quadrates vorgenommen.

Eine weitere Verallgemeinerung der Problematik ergibt sich, wenn wir beispielsweise die Wirkung von vier Faktoren (A, B, C und D) auf jeweils p Stufen prüfen wollen. Bei der Auswertung eines entsprechenden Versuches ist dabei eine mögliche systematische gegenseitige Beeinflussung der Faktoren A und B einerseits und der Faktoren C und D andererseits durch eine geeignete Versuchsplanung auszuschalten. Ein für diese praktische Aufgabenstellung geeigneter Versuchsplan wird durch ein sogenanntes *griechisch-lateinisches Quadrat* gegeben. Wir wollen das Konstruktionsprinzip wieder an einem Beispiel erläutern.

Die Faktoren A, B, C und D seien auf jeweils $p = 4$ Stufen einstellbar (zu jedem Faktor gehören $p = 4$ Behandlungen). Der Strukturplan eines griechisch-lateinischen Quadrates hat dann die Gestalt von Tab. 3.13.

Tabelle 3.13

		Stufen des Faktors B			
		1	2	3	4
Stufen	1	(1,1)	(2,2)	(3,3)	(4,4)
des	2	(2,4)	(1,3)	(4,2)	(3,1)
Faktors	3	(3,2)	(4,1)	(1,4)	(2,3)
A	4	(4,3)	(3,4)	(2,1)	(1,2)

Dieser Versuchsplan ist dabei wie folgt zu interpretieren: Befindet sich beispielsweise der Faktor A auf der Stufe 2 und der Faktor B auf der Stufe 4, dann ist der Versuch mit dem Faktor C auf der Stufe 3 und dem Faktor D auf der Stufe 1 durchzuführen.

Beim Aufstellen eines solchen griechisch-lateinischen Quadrates muß jede Variation 2. Ordnung der Zahlen 1, 2, ..., p genau einmal vorkommen.

Eine Auswertung der Versuchsergebnisse, die nach einem solchen Versuchsplan gewonnen wurden, ist bei Erfülltsein der entsprechenden Voraussetzungen (1.49) durch eine Varianzanalyse mit spezieller vierfacher Klassifikation möglich.

Im Gegensatz zu den lateinischen Quadraten gibt es griechisch-lateinische Quadrate nicht von jeder beliebigen Ordnung. Für 3, 4, ..., 12 Behandlungen mit Ausnahme von $p = 6$ und $p = 10$ sind solche Versuchspläne konstruiert worden (vgl. z. B. Cochran/Cox [1]).

3.6. Zusammenfassung

Falls in einem Problem der Varianzanalyse außer den im Modell erfaßten Einflußfaktoren weitere systematische Einflüsse eine wesentliche Wirkung haben, kann man diese Wirkung entweder durch Randomisierung ausschalten oder durch die Aufnahme weiterer Faktoren in das Modell erfassen. Speziell werden die Modelle der einfachen und zweifachen Klassifikation behandelt.

Die *Randomisierung* erfolgt durch die zufällige Zuordnung der Versuchseinheiten zu den Behandlungen. Dabei finden Zufallszahlen Verwendung.

Der Erfassung weiterer Einflußfaktoren dient die Verwendung von *Blockplänen* (bei einem weiteren Faktor) und von lateinischen und griechisch-lateinischen Quadraten und Rechtecken (bei zwei weiteren Faktoren).

Die Auswertung wird über spezielle Modelle der Mehrfachklassifikation (Tafeln der Varianzanalyse) bis hin zum F-Test durchgeführt.

4. Mehrfaktorpläne

4.1. Problemstellung

Im vorangegangenen Kapitel bestand die statistische Aufgabenstellung darin, qualitative Aussagen über die Wirkung von Einflußfaktoren auf eine Zielgröße zu ermitteln. Wir haben uns in erster Linie nur dafür interessiert, ob ein Einfluß eines Faktors vorhanden ist oder nicht. Dazu konnten wir die Modelle der Varianzanalyse ausnutzen und als Entscheidungskriterium einen geeigneten Test (meist einen F-Test) heranziehen. Vielfach stehen aber auch quantitative Aussagen über die Wirkungsfunktion η ($\mathbf{x}$) im Vordergrund, d. h., wir wollen beispielsweise eine Näherung für die Funktion $\eta(\mathbf{x})$ bestimmen. In so einem Fall werden wir durch eine Regressionsanalyse zu den gewünschten Aussagen gelangen.

Grundlage für eine Schätzung der Wirkungsfunktion $\eta(\mathbf{x})$ ist die Kenntnis eines Ansatzes $\tilde{\eta}(\mathbf{x}, \boldsymbol{\vartheta})$. Wir wollen hier spezielle lineare Ansätze, die durch Polynome beschrieben werden, betrachten. Dabei wählen wir für $\tilde{\eta}(\mathbf{x}, \boldsymbol{\vartheta})$ entweder ein Polynom vom Grad d [vgl. (1.16), Seite 16] oder ein Polynom vom Grad d in jeder Variablen [vgl. (1.18), Seite 17], wenn wir k Einflußgrößen $x_1, \ldots, x_k$ bei der Beschreibung der Zielgröße berücksichtigen müssen. Uns werden später besonders die Spezialfälle von (1.16) und (1.18) für $k = 1, 2$ und $d = 1, 2$ interessieren. Die Brauchbarkeit eines Ansatzes zur Beschreibung von $\eta(\mathbf{x})$ in einem Bereich $H \subset B \subseteq R^k$ können wir gegebenenfalls durch einen Test nachprüfen. Darauf werden wir im Abschnitt 4.2. kurz eingehen.

Zur Vereinfachung der folgenden Untersuchungen wollen wir annehmen, daß die Faktoren x_i $(i = 1, \ldots, k)$ auf jeweils nur t_{ij} $(i = 1, \ldots, k; j = 1, \ldots, p_i)$ verschiedenen Stufen vorkommen können, d. h., die Variablen x_i nehmen im Versuchsbereich V nur gewisse diskrete Werte t_{ij} an. Die Stufen t_{ij} werden üblicherweise auch als *Niveaus* bezeichnet. Auf Grund des speziellen Charakters der Einflußgrößen können wir sowohl qualitative Untersuchungen durch Modelle der Varianzanalyse (dafür geben wir im Abschnitt 4.2. ein Beispiel an), als auch quantitative Untersuchungen durch eine Regressionsanalyse vornehmen, letzteres wird uns vorrangig interessieren.

Zur Untersuchung des Einflusses mehrerer Faktoren auf eine Zielgröße wird vielfach noch in der folgenden Weise vorgegangen: Es werden Versuche durchgeführt, bei denen jeweils nur ein Faktor variiert, alle anderen Faktoren versucht man konstant zu halten. Dieses Vorgehen wird für jede Einflußgröße wiederholt. Wir können dabei Versuchspläne anwenden, wie wir sie beispielsweise im Kapitel 3 angegeben haben. Durch den sehr hohen Versuchsaufwand, der sich nicht nur in der Anzahl der Versuche ausdrücken muß, ist eine solche Vorgehensweise vielfach sehr ungünstig. Oft läßt sich ein solches Versuchsschema gar nicht mehr realisieren. Wir wollen deshalb Versuchspläne konstruieren, bei denen die Wirkung aller Faktoren gleichzeitig untersucht werden kann. Damit in den Ansätzen (1.16) und (1.18) eine Schätzung der Parameter möglich ist, müssen die Versuchspläne jeweils eine Mindestanzahl von Versuchen beinhalten (vgl. Abschnitt 1.3.). So besitzt ein Ansatz der Form (1.16) gerade $\binom{k+d}{d}$ Koeffizienten, der Versuchsplan muß also mindestens $\binom{k+d}{d}$ Versuche enthalten. Für einen Ansatz durch ein Polynom vom Grad d in jeder Variablen müssen wir für jede Variable mindestens $d + 1$ Stufen festlegen, um die Koeffizienten schätzen zu können.

Die Konstruktion eines Versuchsplanes ist mit großen numerischen Schwierigkeiten verbunden. Da jedoch der Ansatz $\tilde{\eta}(\mathbf{x}, \boldsymbol{\vartheta})$ eine Approximation für $\eta(\mathbf{x})$ ist und weitere, im Ansatz nicht berücksichtigte Einflüsse vorliegen können, ist es sinnvoll, aus praktischen Erwägungen heraus an die Versuchspläne zusätzliche Forderungen zu stellen, um eine Berechnung zu ermöglichen (vgl. Box/Hunter [1]).

1. Der Versuchsplan soll in einem interessierenden Bereich H eine Schätzung für den Ansatz $\tilde{\eta}(\mathbf{x}, \boldsymbol{\vartheta})$ mit vorgegebener Genauigkeit erlauben.
2. Durch einen geeigneten Test soll nachprüfbar sein, ob die erhaltene Schätzung $\hat{Y}(\mathbf{x}) = \tilde{\eta}(\mathbf{x}, \hat{\boldsymbol{\Theta}})$ die wahre Wirkungsfläche $\eta(\mathbf{x})$ hinreichend genau beschreibt. Erweist sich der Ansatz $\tilde{\eta}(\mathbf{x}, \boldsymbol{\vartheta})$ als ungeeignet, dann soll der Versuchsplan als Kern eines Versuchsplanes für einen Ansatz nächsthöherer Ordnung verwendbar sein.
3. Der Versuchsplan soll die Erfassung eines weiteren systematischen Einflusses durch eine Blockbildung ermöglichen.

Einen Versuchsplan, der die Schätzung der Koeffizienten des Ansatzes (1.16) erlaubt, wollen wir als *k-dimensionalen Versuchsplan der Ordnung d* bezeichnen. Erfüllt dieser Plan die zusätzlichen Bedingungen 1 bis 3 (oder zumindestens eine Teilmenge dieser Bedingungen) und nehmen die k Einflußfaktoren x_i die Stufen t_{ij} ($i = 1, \ldots, k$; $j = 1, \ldots, p_i$) an, die in gewissen Kombinationen im Versuchsplan enthalten sind, dann sprechen wir von einem *faktoriellen Versuchsplan* (wir benutzen dafür die Abkürzung FV). Treten alle Faktoren auf der gleichen Anzahl von Stufen auf, dann heißen die Versuchspläne symmetrisch, andernfalls unsymmetrisch. Wir werden nur symmetrische Versuchspläne betrachten.

Die Versuchspläne, die alle diese einschränkenden Bedingungen erfüllen, sind nicht eindeutig, sie unterscheiden sich z. B. in ihrem Umfang, d. h. in der Anzahl der vorgesehenen Versuche. Fordern wir nun noch, daß diese Anzahl so gering wie möglich ist, dann erhalten wir ein Optimalitätskriterium für faktorielle Versuchspläne zur Schätzung von $\boldsymbol{\vartheta}$.

4.2. Vollständige faktorielle Versuchspläne vom Typ 2^k

In diesem Abschnitt wollen wir die unbekannte Wirkungsfunktion durch ein Polynom vom Grad $d = 1$ in jeder Variablen beschreiben. Zur Durchführung entsprechender Versuche müssen die Faktoren $x_1, \ldots, x_k$ jeweils auf $p = d + 1 = 2$ verschiedene Niveaus eingestellt werden können. Eine hinreichend genaue Beschreibung der Funktion $\eta(\mathbf{x})$ durch ein Polynom 1. Grades in jeder Variablen ist nur in einem kleinen Bereich H sinnvoll. Zur bequemen Darstellung wollen wir uns diesen Bereich als k-dimensionalen Würfel

$$-1 \leqq x_i \leqq 1, \quad i = 1, \ldots, k, \tag{4.1}$$

denken. Als Stufen für die Faktoren x_i, $i = 1, \ldots, k$, wählen wir die Endpunkte des Versuchsbereiches V, bei $V = H$ also das untere Niveau -1 (bezeichnen wir als $-$) und das obere Niveau $+1$ (bezeichnen wir als $+$). Durch die Festlegung der Niveaus besteht der Versuchsbereich nur noch aus einzelnen Punkten. Enthält ein faktorieller Versuchsplan alle möglichen 2^k Variationen der beiden Stufen der k Faktoren, dann wollen wir so einen Plan als *vollständigen faktoriellen Versuchsplan* vom Typ 2^k bezeichnen und dafür die Abkürzung VFV 2^k verwenden. Die Basis der Typenbezeichnung gibt dabei die Anzahl der Stufen, der Exponent die Anzahl der Faktoren und die Potenz selbst die Anzahl der Versuche an. Sind keine anderen Festlegungen getroffen worden, dann führen wir in jedem Versuchspunkt eines VFV 2^k genau einen Versuch durch.

Das Konstruktionsprinzip für einen VFV 2^k werden wir für den Fall $k = 2$ erläutern. Als Ansatz für $\eta(\mathbf{x})$ wählen wir ein Polynom 1. Grades in beiden Variablen

$$\tilde{\eta}(\mathbf{x}, \boldsymbol{\vartheta}) = \vartheta_0 x_0 + \vartheta_1 x_1 + \vartheta_2 x_2 + \vartheta_{12} x_1 x_2 . \tag{4.2}$$

Mit der Wechselwirkung ϑ_{12}, dem Absolutglied ϑ_0 und den Hauptwirkungen ϑ_1 und ϑ_2 haben wir insgesamt vier Parameter zu schätzen, müssen also mindestens vier Versuche durchführen. Betrachten wir zuerst die Scheinvariable x_0, für sie tragen wir bei allen Versuchen in den Versuchsplan + ein, da sie als +1 definiert war. Dann werden für x_1 und x_2 die vier möglichen Stufenkombinationen gebildet. Diese beiden Spalten ergeben den eigentlichen Versuchsplan, in unserem Fall einen V_4 (der Index gibt die Anzahl der Versuche $n = 2^2$ an). Aus den Spalten für x_1 und x_2 erhalten wir durch einfache Produktbildung die Werte von $x_1 x_2$. Somit ergibt sich für einen VFV 2^2 der folgende Strukturplan (Tab. 4.1).

Tabelle 4.1

Versuch Nr.	V_4 x_0	x_1	x_2	$x_1 x_2$	Codierung	Beobachtungs-vektor
1	+	−	−	+	(1)	y_1
2	+	+	−	−	a	y_2
3	+	−	+	−	b	y_3
4	+	+	+	+	ab	y_4

Falls die Versuche nacheinander durchgeführt werden sollen und die Reihenfolge einen systematischen Einfluß haben könnte, muß diese noch randomisiert werden (vgl. auch Abschnitt 3.2.).

Die vorletzte Spalte der Tabelle 4.1 enthält eine Codierung des VFV 2^2, die eine einfachere Schreibweise des Versuchsplanes erlaubt. Befinden sich beide Faktoren auf dem unteren Niveau, dann schreiben wir (1), befindet sich der Faktor x_1 auf dem oberen Niveau, dann schreiben wir a, für den Faktor x_2 auf dem oberen Niveau schreiben wir b, und befinden sich beide Faktoren x_1 und x_2 auf dem oberen Niveau, dann müssen wir also ab schreiben. Durch diese Codierung läßt sich der VFV 2^2 auch schreiben

$$(1), a, b, ab . \tag{4.3}$$

Im R^2 dargestellt bedeutet der Versuchsplan (4.3), daß die Versuche in den Eckpunkten des Quadrates $-1 \leqq x_i \leqq 1$, $i = 1, 2$, durchzuführen sind (Bild 4.1).

Stimmt, wie beim vorliegenden Versuchsplan, die Anzahl der zu schätzenden Koeffizienten mit der Anzahl der Versuche überein, dann sprechen wir von einem gesättigten Versuchsplan. In diesem Fall haben wir zwar eine minimale Versuchsanzahl, können aber keinen Test durchführen, in dessen Testgröße die Stichprobenvarianz eingeht, da hierbei die Summe der Abweichungsquadrate dividiert wird durch die Differenz aus der Versuchsanzahl und der Anzahl der zu schätzenden Parameter des Ansatzes $\tilde{\eta}(\mathbf{x}, \boldsymbol{\vartheta})$. Das ist z. B. der Fall bei einem Test auf die Hypothese, daß der Ansatz $\tilde{\eta}(\mathbf{x}, \boldsymbol{\vartheta})$ die Wirkungsfunktion $\eta(\mathbf{x})$ hinreichend ge-

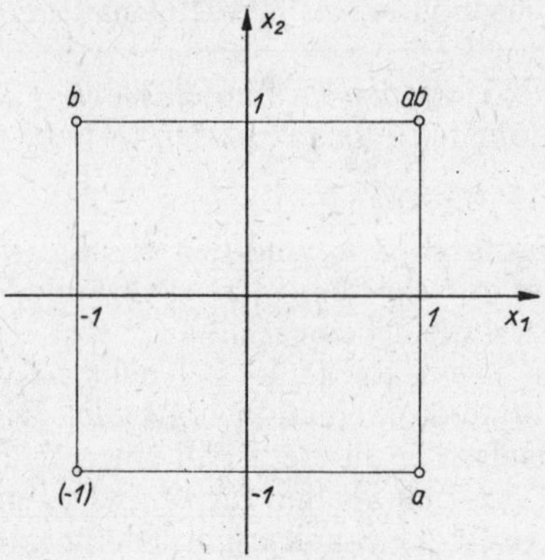

Bild 4.1

nau beschreibt, wobei wir noch zusätzliche Versuche benötigen. Die Durchführung dieses Testes werden wir jetzt kurz beschreiben, da diese statistische Fragestellung bei der Auswertung von faktoriellen Versuchen eine wichtige Rolle spielt.

Voraussetzung für eine Anwendung des Testes ist, daß die Meßergebnisse mindestens asymptotisch normalverteilt sind. Die Varianz σ^2 des zufälligen Fehlers ist in den meisten Fällen unbekannt, deshalb wird zunächst ein Schätzwert S^2 für σ^2 bestimmt. Dabei können die zur Schätzung von σ^2 notwendigen zusätzlichen Versuche in folgender Weise durchgeführt werden: entweder

1. in l ($l \geqq 1$) verschiedenen Punkten des VFV je n_0 Versuche oder
2. n_0 Versuche in $(x_1, \ldots, x_k)^\top = (0, \ldots, 0)$, dann ist in (4.4) $l = 1$.

Als Schätzung für σ^2 erhalten wir

$$S^2 = \frac{1}{l(n_0 - 1)} \sum_{i=1}^{l} \sum_{j=1}^{n_0} (Y_{ij} - \bar{Y}_i)^2 \quad \text{mit} \quad \bar{Y}_i = \frac{1}{n_0} \sum_{j=1}^{n_0} Y_{ij}. \tag{4.4}$$

Die Restvarianz σ_R^2 wird bekanntlich geschätzt durch

$$S_R^2 = \frac{1}{n - r} \sum_{i=1}^{n} (Y_i - \hat{Y}_i)^2 \tag{4.5}$$

(vgl. auch Abschnitt 1.3.1.), wobei Y_i das Ergebnis des i-ten Versuches ist und $\hat{Y}_i$ die entsprechende Schätzung $\hat{Y}_i = \tilde{\eta}(\mathbf{x}, \hat{\boldsymbol{\Theta}})$. Als Testgröße benutzen wir den Quotienten der Stichprobenvarianzen

$$T = \frac{S_R^2}{S^2}. \tag{4.6}$$

Da die Zufallsgrößen $(n - r)S_R^2/\sigma^2$ und $(l(n_0 - 1))\, S^2/\sigma^2$ unabhängig sind und einer χ^2-Verteilung genügen, besitzt die Zufallsgröße (4.6) eine F-Verteilung mit den Parametern $f_1 = n - r$ und $f_2 = l(n_0 - 1)$. Durch die Vorgabe eines Signifikanzniveaus α ist der kritische Bereich durch das $(1 - \alpha)$-Quantil der F-Verteilung $F_{n-r, l(n_0-1), 1-\alpha}$ festgelegt. Erhalten wir für einen vorgegebenen Ansatz $\tilde{\eta}(\mathbf{x}, \boldsymbol{\vartheta})$ bei festgelegtem Versuchsplan V_n für T nach (4.6) eine Realisierung, die im kritischen Bereich liegt, dann führte eine zu große Stichprobenrestvarianz zur Ablehnung der Hypothese. Von einer großen Restvarianz dürfen wir aber auf einen zur Beschreibung von $\eta(\mathbf{x})$ ungünstigen Ansatz schließen (vgl. auch Kapitel 6). In diesem Fall müssen wir einen anderen Ansatz zur Auswertung heranziehen, d. h., wir gehen zu einem Polynom nächsthöherer Ordnung über und fügen damit dem Ansatz neue Funktionen der Einflußgrößen hinzu. Das hat zur Folge, daß wir die Anzahl der Niveaus der Einflußgrößen erhöhen müssen.

Haben wir bisher der Versuchsdurchführung einen VFV 2^2 zugrunde gelegt, so werden wir jetzt einen VFV 2^3 konstruieren. Wir benutzen als Ansatz ein Polynom 1. Grades in allen Variablen und berücksichtigen nun $k = 3$ Einflußgrößen bei $\tilde{\eta}(\mathbf{x}, \boldsymbol{\vartheta})$. Es sei

$$\begin{aligned}\tilde{\eta}(\mathbf{x}, \boldsymbol{\vartheta}) = {} & \vartheta_0 x_0 + \vartheta_1 x_1 + \vartheta_2 x_2 + \vartheta_3 x_3 + \vartheta_{12} x_1 x_2 \\ & + \vartheta_{13} x_1 x_3 + \vartheta_{23} x_2 x_3 + \vartheta_{123} x_1 x_2 x_3 .\end{aligned} \tag{4.7}$$

Bei der Konstruktion des VFV 2^3 gehen wir von einem VFV 2^2 aus und führen diesen Versuchsplan einmal bei festgehaltenem x_3 auf dem unteren Niveau -1 und einmal bei festem x_3 auf dem oberen Niveau $+1$ durch (s. Bild 4.2).

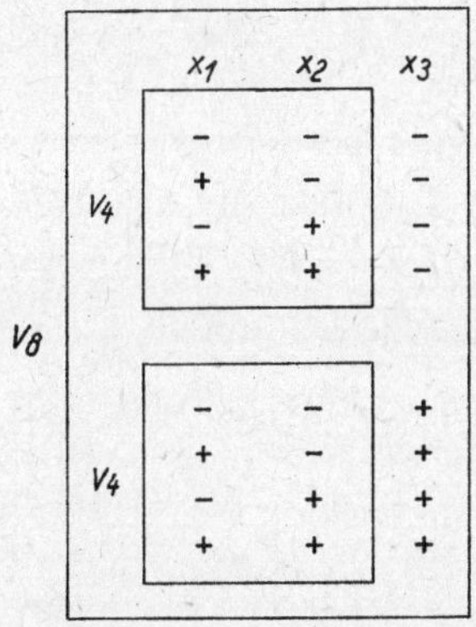

Bild 4.2

Fassen wir beide Pläne V_4 und die Stufen von x_3 zusammen, ergibt sich für einen V_8 der Strukturplan aus Tab. 4.2.

Tabelle 4.2

Versuch Nr.	V_8 x_0	x_1	x_2	x_3	x_1x_2	x_1x_3	x_2x_3	$x_1x_2x_3$	Codierung	Beobachtungsvektor
1	+	−	−	−	+	+	+	−	(1)	y_1
2	+	+	−	−	−	−	+	+	*a*	y_2
3	+	−	+	−	−	+	−	+	*b*	y_3
4	+	+	+	−	+	−	−	−	*ab*	y_4
5	+	−	−	+	+	−	−	+	*c*	y_5
6	+	+	−	+	−	+	−	−	*ac*	y_6
7	+	−	+	+	−	−	+	−	*bc*	y_7
8	+	+	+	+	+	+	+	+	*abc*	y_8

Führen wir eine Codierung ein und bezeichnen das untere Niveau mit (1) und die oberen Niveaus der Faktoren x_1, x_2 bzw. x_3 mit a, b bzw. c, dann können wir den VFV 2^3 in der Kurzform

$$(1), a, b, ab, c, ac, bc, abc \tag{4.8}$$

schreiben. Dieses Konstruktionsprinzip läßt sich leicht verallgemeinern, wir können für ein beliebiges k den VFV 2^k stets aus einem VFV 2^{k-1} aufbauen, indem wir diesen Plan mit x_k auf dem unteren und mit x_k auf dem oberen Niveau durchführen. Als Ansatz $\tilde{\eta}(\mathbf{x}, \boldsymbol{\vartheta})$ wird dabei jeweils ein Polynom 1. Grades in jeder Variablen

$$\tilde{\eta}(\mathbf{x}, \boldsymbol{\vartheta}) = \vartheta_0 x_0 + \vartheta_1 x_1 + \cdots + \vartheta_k x_k + \vartheta_{12} x_1 x_2 + \cdots \tag{4.9}$$
$$+ \vartheta_{12\ldots k} x_1 x_2 \cdots x_k$$

benutzt. Für $k = 4$ demonstrieren wir die Konstruktion des VFV 2^4 durch einen VFV 2^3 anhand der Codierung. Befindet sich die Variable x_4 auf dem oberen Niveau, so codieren wir mit d. Führen wir den VFV 2^3 [vgl. (4.8)] auf dem unteren Niveau von x_4 durch, dann erhalten wir wieder (4.8), mit x_4 auf dem oberen Niveau ist (4.8) jeweils mit d zu multiplizieren. Auf diese Weise erhalten wir den VFV 2^4

$$(1), a, b, ab, c, ac, bc, abc, d, ad, bd, abd, cd, acd, bcd, abcd. \tag{4.10}$$

Wir haben bisher nur Polynome 1. Grades in jeder Variablen als Ansatz $\tilde{\eta}(\mathbf{x}, \boldsymbol{\vartheta})$ für die Wirkungsfläche $\eta(\mathbf{x})$ benutzt. Für ein Polynom d-ten Grades mit k Einflußgrößen müssen wir als Versuchsplan einen VFV $(d + 1)^k$ verwenden, um die $\binom{k+d}{d}$ unbekannten Koeffizienten schätzen zu können. Für eine größere Anzahl von Einflußgrößen und einen höheren Polynomgrad wird der Unterschied zwischen der Anzahl der Versuche und der Parameter sehr groß. Für $k = 3$ und $d = 2$ besitzt ein Ansatz d-ten Grades $\binom{5}{2} = 10$ Parameter, der VFV 3^3 erfordert bereits $n = 27$ Versuche, für $k = 4$ und $d = 3$ stehen für die Schätzung von $\binom{7}{3} = 35$ Parametern bei einem VFV 4^4 $n = 256$ Versuche zur Verfügung. Diese hohe Versuchsanzahl ist aber vielfach zu aufwendig. Wir wollen mit einer geringeren Anzahl von Versuchen auskommen (Für 35 Parameter genügen 35 Versuche, wenn kein Test durchgeführt werden soll).

4.2.1. Auswertung eines VFV 2^k zur Schätzung der Regressionskoeffizienten

Der Versuchsplan V_n beeinflußt die Schätzung $\hat{\boldsymbol{\Theta}}$ des Parametervektors $\boldsymbol{\vartheta}$ nur durch die Matrix $\mathbf{F}^T\mathbf{F}$ (vgl. Abschnitt 1.3.). Diese Matrix hat die Gestalt

$$\mathbf{F}^T\mathbf{F} = \begin{pmatrix} \sum\limits_{j=1}^{n} f_1(\mathbf{x}_j) f_1(\mathbf{x}_j) & \cdots & \sum\limits_{j=1}^{n} f_1(\mathbf{x}_j) f_r(\mathbf{x}_j) \\ \cdots & \cdots & \cdots \\ \sum\limits_{j=1}^{n} f_1(\mathbf{x}_j) f_r(\mathbf{x}_j) & \cdots & \sum\limits_{j=1}^{n} f_r(\mathbf{x}_j) f_r(\mathbf{x}_j) \end{pmatrix}. \tag{4.11}$$

Ein Ansatz der Form (4.9) läßt sich überführen in einen Ansatz der Form

$$\tilde{\eta}(\mathbf{x}, \boldsymbol{\vartheta}) = \vartheta_1 f_1(\mathbf{x}) + \cdots + \vartheta_r f_r(\mathbf{x}) \tag{4.12}$$

[vgl. Abschnitt 1.3.]. Dabei gilt beispielsweise

$$\left.\begin{aligned} x_0 &= f_1(\mathbf{x}) \equiv 1, \quad x_1 = f_2(\mathbf{x}), \dots, x_k = f_{k+1}(\mathbf{x}), \\ x_1 x_2 &= f_{k+2}(\mathbf{x}), \dots, \quad x_1 x_2 \cdots x_k = f_{2^k}(\mathbf{x}), \end{aligned}\right\} \tag{4.13}$$

wobei $f_i(\mathbf{x}_j)$, $i = 1, \dots, 2^k$; $j = 1, \dots, n$, jeweils nur die Werte -1 und $+1$ annehmen kann.

Für die Elemente der Matrix (4.11) gelten somit für einen VFV 2^k die Beziehungen

$$\sum_{j=1}^{n} f_i(\mathbf{x}_j) f_k(\mathbf{x}_j) = 0, \quad i \neq k; \ i, k = 1, \dots, r, \tag{4.14}$$

$$\sum_{j=1}^{n} f_i(\mathbf{x}_j) = 0, \qquad i = 2, \dots, r, \tag{4.15}$$

$$\sum_{j=1}^{n} (f_i(\mathbf{x}_j))^2 = n, \qquad i = 1, \dots, r. \tag{4.16}$$

Für einen V_8 (vgl. (Tabelle 4.2) würde (4.14) bedeuten, daß die Spalten $x_1 x_2$, $x_1 x_3$ bzw. $x_2 x_3$ summiert werden, bei (4.15) sind die Spalten x_1, x_2 bzw. x_3 zu summieren, und bei (4.16) erhält man eine Summation von n-mal $+1$.

Damit erhält die Matrix $\mathbf{F}^\mathrm{T}\mathbf{F}$ die spezielle Gestalt

$$\mathbf{F}^\mathrm{T}\mathbf{F} = \begin{pmatrix} n & \cdots & 0 \\ \cdots & & \cdots \\ 0 & \cdots & n \end{pmatrix} = n\mathbf{E}_n. \tag{4.17}$$

Mit (4.17) vereinfachen sich die Schätzungen der Parameter ϑ_i, $i = 1, \dots, r$, (vgl. Abschnitt 1.3.1.) wesentlich. Es ergibt sich aus (1.26)

$$\hat{\boldsymbol{\Theta}} = (n\mathbf{E}_n)^{-1} \mathbf{F}^\mathrm{T} \mathcal{Y} = \frac{1}{n} \mathbf{F}^\mathrm{T} \mathcal{Y} \tag{4.18}$$

mit

$$\mathbf{B}_{\hat{\boldsymbol{\Theta}}} = \sigma^2 (\mathbf{F}^\mathrm{T}\mathbf{F})^{-1} = \frac{\sigma^2}{n} \mathbf{E}_n.$$

Für die einzelnen Parameter ϑ_i, $i = 1, \dots, r$, erhalten wir aus (4.18) die Schätzungen

$$\hat{\Theta}_i = \frac{1}{n} \sum_{j=1}^{n} f_i(x_j) Y_j, \quad i = 1, \dots, r. \tag{4.19}$$

Durch V_n werden also die Vorzeichen für eine Summation der Beobachtungswerte festgelegt. Die Parameterschätzungen (4.19) sind unkorreliert und bei vorliegender Normalverteilung für die Beobachtungswerte sogar unabhängig.

4.2.2. Auswertung eines VFV 2^k mittels Varianzanalyse

Die Auswertung eines vollständigen faktoriellen Versuchsplanes mit einem Modell der Varianzanalyse soll hier nur am Beispiel eines VFV 2^2 erläutert werden. Für mehr als zwei Einflußgrößen vgl. z. B. Cochran/Cox [1].

Zur qualitativen Auswertung von n Realisierungen eines VFV 2^2 benutzen wir eine zweifache Klassifikation der Form

$$Y_{ijl} = \mu + \alpha_i + \beta_j + \gamma_{ij} + \varepsilon_{ijl}, \quad i = 1, 2; \quad j = 1, 2; \quad l = 1, \ldots, n$$

[vgl. (1.42)], wobei α_i die Effekte des Einflußfaktors A_1 mit den Stufen $A_1^{(1)}$ und $A_1^{(2)}$, β_j die Effekte des Faktors A_2 mit den Stufen $A_2^{(1)}$ und $A_2^{(2)}$ sind. Durch γ_{ij} werden die entsprechenden Wechselwirkungen von A_1 mit A_2 ausgedrückt.

Ist bei der Planung der Versuche die Erfassung eines sich systematisch ändernden Einflußfaktors zu berücksichtigen, so führen wir eine Blockbildung durch. Dazu fassen wir die vier Stufenkombinationen der Einflußfaktoren als Stufen eines Faktors in einer Versuchsanlage mit vollständig randomisierten Blocks auf und werten die Versuchsergebnisse zunächst entsprechend einem Blockversuch aus (vgl. Abschnitt 3.3.1.) und anschließend durch ein Modell der zweifachen Klassifikation. Eine Anleitung zur Auswertung eines VFV 2^2, der in q Realisierungen vorliegt (die wir als Blocks auffassen) und ein ausführliches Beispiel finden wir bei Rasch/Enderlein/Herrendörfer [1].

Bei den Modellen der Varianzanalyse betrachten wir die Variablen x_i ($i = 1, \ldots, k$) auf den Stufen 0 und 1, bei einem VFV 2^k haben wir die Stufen -1 und $+1$ verwendet. Wollen wir die Schätzungen $\hat{\Theta}_i$ der Parameter ϑ_i für ein Regressionsmodell mit den Schätzungen für die Effekte in Varianzanalysemodellen vergleichen, so erhalten wir beispielsweise

$$\hat{\Theta}_1 = \hat{\alpha}_1/2, \quad \hat{\Theta}_2 = \hat{\alpha}_2/2, \cdots, \hat{\Theta}_{p+1} = \hat{\beta}_1/2, \cdots, \hat{\Theta}_{p+q+1} = \hat{\gamma}_{12}/2.$$

4.3. Teilweise faktorielle Versuchspläne vom Typ 2^{k-p}

Wie wir bereits am Ende von Abschnitt 4.2. bemerkt haben, wird für mehrere Einflußgrößen der Unterschied zwischen der Anzahl der Parameter des Ansatzes und der Versuchsanzahl sehr schnell unvertretbar groß. Eine sehr große Anzahl von Versuchen ergibt zwar eine große Genauigkeit der zu schätzenden Parameter, ist für die Lösung praktischer Probleme aber meist nicht gerechtfertigt. Wissen wir darüber hinaus z. B. aus sachlichen Gründen, daß eine gewisse Anzahl von Wechselwirkungen gleich null ist, dann erfordert ein VFV zu viele Versuche. In diesen Fällen können wir mit einer gewissen Auswahl von Versuchen aus einem VFV als Versuchsplan auskommen. Solche Versuchspläne wollen wir als *teilweise faktorielle Versuchspläne* bezeichnen und mit TFV abkürzen. Die Konstruktion eines TFV werden wir an einem einfachen Beispiel demonstrieren. Für die Wirkungsfläche $\eta(\mathbf{x})$ nehmen wir einen Polynomansatz 1. Grades

$$\tilde{\eta}(\mathbf{x}, \boldsymbol{\vartheta}) = \vartheta_0 x_0 + \vartheta_1 x_1 + \vartheta_2 x_2 + \vartheta_3 x_3 \tag{4.20}$$

an. Ein VFV 2^3 würde 8 Versuche zur Schätzung der Koeffizienten fordern. Da der Ansatz (4.20) vier unbekannte Koeffizienten besitzt, wollen wir versuchen, diese Koeffizienten durch Verwendung eines VFV 2^2 (erfordert vier Versuche) zu schätzen. Wenn wir $x_3 = x_1 x_2$ setzen, dann geht der Ansatz (4.20) in den Ansatz (4.2) über. Für diesen haben wir aber den VFV 2^2 konstruiert. Deshalb wollen wir den Faktor x_3 auf die Stufen von $x_1 x_2$ eines VFV 2^2 einstellen, als Codierung schreiben wir dafür c. Wir erhalten somit die Tabelle 4.3.

Tabelle 4.3

Versuch Nr.	x_0	x_1	x_2	$x_1x_2 = x_3$	Codierung	Beobachtungsvektor
1	+	−	−	+	*c*	y_1
2	+	+	−	−	*a*	y_2
3	+	−	+	−	*b*	y_3
4	+	+	+	+	*abc*	y_4

Wenn aber die Annahme, die Wechselwirkung ϑ_{12} sei null, falsch ist, dann ist die durch den VFV 2^2 für ϑ_3 gefundene Schätzung Θ_3 noch von dieser Wechselwirkung abhängig, wir haben dann mit Θ_3 den Ausdruck $\vartheta_3 + \vartheta_{12}$ geschätzt. Ist $\vartheta_{12} \neq 0$, dann müßte nämlich der Ansatz (4.20) die Form

$$\tilde{\eta}(\mathbf{x}, \boldsymbol{\vartheta}) = \vartheta_0 x_0 + \vartheta_1 x_1 + \vartheta_2 x_2 + \vartheta_3 x_3 + \vartheta_{12} x_1 x_2$$

haben. Da sich die Werte für x_1x_2 und für x_3 in den Punkten $\mathbf{x}_i$ des Planes nicht unterscheiden, ist

$$\tilde{\eta}(\mathbf{x}_i, \boldsymbol{\vartheta}) = \vartheta_0 x_{0i} + \vartheta_1 x_{1i} + \vartheta_2 x_{2i} + (\vartheta_3 + \vartheta_{12}) x_{3i},$$

und dem Koeffizienten ϑ_3 in (4.20) entspricht in den Planpunkten $\vartheta_3 + \vartheta_{12}$. Die Schätzung $\hat{\Theta}_3$ aus den Versuchsergebnissen gilt also für $\vartheta_3 + \vartheta_{12}$. Ähnliche Überlegungen gelten selbstverständlich auch für die Schätzungen der Koeffizienten ϑ_1 und ϑ_2. In dem Fall, daß die Schätzungen gewisser Koeffizienten voneinander abhängen, sprechen wir von *Vermengungen* und schreiben dafür im oben erwähnten Beispiel

$$\Theta'_3 \to \vartheta_3 + \vartheta_{12}.$$

Wir bezeichnen den durch Tabelle 4.3 gegebenen faktoriellen Versuchsplan als TFV 2^{3-1}. Ein wichtiges Problem bei der Auswertung von Versuchen nach einem TFV ist die Aufdeckung solcher Vermengungen innerhalb der Schätzungen. Wir wollen die allgemeine Vorgehensweise wieder für einen TFV 2^{3-1} beschreiben. Bei der Konstruktion des Versuchsplanes hatten wir $x_3 = x_1x_2$ gesetzt. Bezeichnen wir die erste Spalte (entspricht x_0) der Tabelle 4.3 mit I, dann ergibt sich für jede Spalte als Produkt der Spalte mit sich selbst stets I (z. B. $x_3x_3 = I$), also wegen $x_3 = x_1x_2$

$$I = x_3x_3 = x_1x_2x_3. \tag{4.21}$$

Die rechte Seite von (4.21) wird als *Generator eines Versuchsplanes* und (4.21) selbst als *definierende Beziehung* bezeichnet. Mit dieser definierenden Beziehung können wir nun die Vermengungen der einzelnen Schätzungen berechnen. Dazu multiplizieren wir (4.21) nacheinander mit x_1, x_2 und x_3 und erhalten wegen $x_1^2 = x_2^2 = x_3^2 = I$

$$x_1 = x_2x_3, \quad x_2 = x_1x_3, \quad x_3 = x_1x_2. \tag{4.22}$$

Aus (4.22) lesen wir die entsprechenden Vermengungen ab

$$\Theta'_1 \to \vartheta_1 + \vartheta_{23}, \quad \Theta'_2 \to \vartheta_2 + \vartheta_{13}, \quad \Theta'_3 \to \vartheta_3 + \vartheta_{12}. \tag{4.23}$$

Aus (4.21) ergibt sich für die Schätzung des Absolutgliedes

$$\hat{\Theta}'_0 \to \vartheta_0 + \vartheta_{123}. \tag{4.24}$$

Können wir die Annahme aufrechterhalten, daß alle Wechselwirkungen verschwinden (was gegebenenfalls durch einen Test nachzuprüfen ist), dann sind Θ_i ($i = 0, \ldots, 3$)

Schätzungen für die Parameter ϑ_i $(i = 0, \ldots, 3)$. Bei der Typbezeichnung eines TFV gibt der Exponent von 2 die Differenz zwischen Anzahl der Faktoren und Generatoren an, in diesem Fall also $3 - 1$. Die Beziehung $x_3 = x_1 x_2$ war willkürlich gewählt worden. Ebenso hätten wir auch $x_3 = -x_1 x_2$ setzen können und wären so zu einem alternativen TFV gelangt (Tab. 4.4).

Tabelle 4.4

Versuch Nr.	x_0	x_1	x_2	$x_3 = -x_1 x_2$	Codierung	Beobachtungsvektor
1	+	−	−	−	(1)	y_1
2	+	+	−	+	*ac*	y_2
3	+	−	+	+	*bc*	y_3
4	+	+	+	−	*ab*	y_4

Die definierende Beziehung $I = -x_1 x_2 x_3$ führt zu den Vermengungen

$$\Theta_0'' \to \vartheta_0 - \vartheta_{123}, \quad \Theta_1'' \to \vartheta_1 - \vartheta_{23},$$
$$\Theta_2'' \to \vartheta_2 - \vartheta_{13}, \quad \Theta_3'' \to \vartheta_3 - \vartheta_{12}. \tag{4.25}$$

Mit Hilfe der beiden alternativen TFV können wir alle Koeffizienten (auch die Wechselwirkungskoeffizienten) des Ansatzes

$$\tilde{\eta}(\mathbf{x}, \boldsymbol{\vartheta}) = \vartheta_0 x_0 + \vartheta_1 x_1 + \vartheta_2 x_2 + \vartheta_3 x_3 + \vartheta_{12} x_1 x_2 \tag{4.26}$$
$$+ \vartheta_{13} x_1 x_3 + \vartheta_{23} x_2 x_3 + \vartheta_{123} x_1 x_2 x_3$$

unvermengt schätzen, wenn sich nach Durchführung eines TFV 2^{3-1} herausgestellt hat, daß der Ansatz (4.20) nicht sinnvoll ist. Die Schätzungen für die Parameter ergeben sich in der Form

$$\Theta_1 = \frac{\Theta_1' + \Theta_1''}{2}$$

und (4.27)

$$\Theta_{12} = \frac{\Theta_3' - \Theta_3''}{2}.$$

Analog erhält man aus (4.23), (4.24) und (4.25) die übrigen Schätzungen. Ein TFV 2^{3-1} und ein alternativer TFV 2^{3-1} zusammen ergeben einen VFV 2^3.

Beispiel 4.1.: Es ist die Wärmeleitfähigkeit von Sublimaten, die bei der Chlorierung titanhaltiger Schlacke in der Schmelze entstehen, zu untersuchen. Um die Apparaturen des Kondensationssystems bei der Projektierung der Chloratoren berechnen zu können, müssen wir den spezifischen Wärmeleitfähigkeitskoeffizienten der Sublimate kennen. Es ist dieser Wert in Abhängigkeit von der Dichte des Stoffes, seiner chemischen Zusammensetzung und der Temperatur zu ermitteln. Wir müssen also vier Einflußfaktoren berücksichtigen:

$x_1^{(0)}$ – Schüttgewicht (in g/cm³),

$x_2^{(0)}$ – Chlorgehalt der Sublimate (in Volumenprozenten),

$x_3^{(0)}$ – Verhältnis der Konzentrationen von SiO_2 und TiO_2 in den Sublimaten,

$x_4^{(0)}$ – Temperatur (in °C)

(die weiteren Berechnungen werden ohne Maßeinheiten durchgeführt). Auf Grund praktischer Erfahrungen können wir annehmen, daß nur die Faktoren $x_2^{(0)}$ und $x_3^{(0)}$ bzw. $x_3^{(0)}$ und $x_4^{(0)}$ sich gegenseitig beeinflussen, alle anderen Wechselwirkungen können vernachlässigt werden. Somit erhalten wir für den Wärmeleitfähigkeitskoeffizienten den Ansatz

$$\tilde{\eta}(\mathbf{x}, \boldsymbol{\vartheta}) = \vartheta_0 x_0^{(0)} + \vartheta_1 x_1^{(0)} + \vartheta_2 x_2^{(0)} + \vartheta_3 x_3^{(0)} + \vartheta_4 x_4^{(0)} + \vartheta_{23} x_2^{(0)} x_3^{(0)} + \vartheta_{34} x_3^{(0)} x_4^{(0)}, \tag{4.28}$$

der für den Versuchsbereich

$$V: 0{,}72 \leqq x_1^{(0)} \leqq 1{,}02; \quad 35 \leqq x_2^{(0)} \leqq 45; \quad 0{,}75 \leqq x_3^{(0)} \leqq 1{,}25; \quad 200 \leqq x_4^{(0)} \leqq 300 \tag{4.29}$$

von Interesse ist. Beim Aufstellen des Strukturplanes eines TFV wurden stets die Niveaus -1 und $+1$ benutzt. Ein Versuchsbereich V, der durch ein Parallelepiped der Form $a_i \leqq x_i^{(0)} \leqq b_i$, $i = 1, \ldots, k$, gegeben ist und den wir als *natürlichen Versuchsbereich* bezeichnen wollen, geht durch eine einfache Transformation in die gewünschte Form über. Es gilt für den i-ten Faktor

$$x_i^{(0)} = \bar{x}_i^{(0)} + \frac{b_i - a_i}{2} x_i, \qquad i = 1, \ldots, k, \tag{4.30}$$

mit

$$\bar{x}_i^{(0)} = \frac{a_i + b_i}{2}.$$

So erhalten wir z. B. für $x_1^{(0)}$ auf dem unteren Niveau aus

$$0{,}72 = \frac{0{,}72 + 1{,}02}{2} + \frac{1{,}02 - 0{,}72}{2} x_i$$

$$x_i = -1.$$

Analog transformieren wir den gesamten Versuchsbereich V mit (4.30) und erhalten Tabelle 4.5.

Tabelle 4.5

		$x_1^{(0)}$	$x_2^{(0)}$	$x_3^{(0)}$	$x_4^{(0)}$
unteres Niveau	$x_i = -1$	0,72	35,0	0,75	200
Nullniveau	$x_i = 0$	0,87	40,0	1,00	250
oberes Niveau	$x_i = 1$	1,02	45,0	1,25	300

Der Ansatz (4.28) zur Schätzung der Wirkungsfunktion $\eta(\mathbf{x})$ besitzt 7 Koeffizienten, wir wollen deshalb einen TFV 2^{4-1} konstruieren, mit dem diese Koeffizienten geschätzt werden können. Zur Aufstellung der definierenden Beziehung gehen wir von

$$x_4 = x_1 x_2 \tag{4.31}$$

aus (ein TFV 2^{4-1} ist ein Versuchsplan für 3 Faktoren, aber die Wechselwirkung $x_1 x_2$ soll nach Voraussetzung vernachlässigbar sein). Multiplizieren wir (4.31) mit x_4, um die definierende Beziehung

$$I = x_1 x_2 x_4 \tag{4.32}$$

und daraus die Vermengungsstruktur der Schätzungen zu erhalten. Durch Multiplikation mit x_0, $x_1, \ldots, x_4, x_1 x_2, \ldots, x_3 x_4$ berechnen wir die Vermengungen, wobei wir alle zweifaktoriellen Wechselwirkungen mit berücksichtigen wollen.

$$
\begin{aligned}
x_0 &= x_1x_2x_4, & \hat{\Theta}_0 &\to \vartheta_0 + \vartheta_{124},\\
x_1 &= x_1^2x_2x_4 = x_2x_4, & \hat{\Theta}_1 &\to \vartheta_1 + \vartheta_{24},\\
x_2 &= x_1x_2^2x_4 = x_1x_4, & \hat{\Theta}_2 &\to \vartheta_2 + \vartheta_{14},\\
x_3 &= x_1x_2x_3x_4, & \hat{\Theta}_3 &\to \vartheta_3 + \vartheta_{1234},\\
x_4 &= x_1x_2x_4^2 = x_1x_2, & \hat{\Theta}_4 &\to \vartheta_4 + \vartheta_{12},\\
x_1x_2 &= x_1^2x_2^2x_4 = x_4, & \hat{\Theta}_{12} &\to \vartheta_{12} + \vartheta_4, (*)\\
x_1x_3 &= x_1^2x_2x_3x_4 = x_2x_3x_4, & \hat{\Theta}_{13} &\to \vartheta_{13} + \vartheta_{234},\\
x_1x_4 &= x_1^2x_2x_4^2 = x_2, & \hat{\Theta}_{14} &\to \vartheta_{14} + \vartheta_2, (*)\\
x_2x_3 &= x_1x_2^2x_3x_4 = x_1x_3x_4, & \hat{\Theta}_{23} &\to \vartheta_{23} + \vartheta_{134},\\
x_2x_4 &= x_1x_2^2x_4^2 = x_1, & \hat{\Theta}_{24} &\to \vartheta_{24} + \vartheta_1, (*)\\
x_3x_4 &= x_1x_2x_3x_4^2 = x_1x_2x_3, & \hat{\Theta}_{34} &\to \vartheta_{34} + \vartheta_{123}.
\end{aligned}
\tag{4.33}
$$

Auf die mit (*) versehenen Beziehungen können wir verzichten, diese treten doppelt auf. Der Ansatz (4.28) besitzt 7 Koeffizienten, der TFV 2^{4-1} erfordert 8 Versuche. Damit wir die Standardabweichung σ des Versuchsfehlers hinreichend genau schätzen können, führen wir in jedem Punkt des V_8 zwei Versuche durch. Die Komponenten des Beobachtungsvektors in Tabelle 4.6 sind die jeweiligen Mittelwerte der beiden Versuche. Wir wollen noch für die Verteilung des zufälligen Fehlers eine Normalverteilung voraussetzen und für den Test auf eine hinreichend genaue Beschreibung von $\eta(\mathbf{x})$ durch $\tilde{\eta}(\mathbf{x}, \boldsymbol{\vartheta})$ außerdem noch 2 Versuche im Punkt $(x_1, x_2, x_3, x_4)^{\mathrm{T}} = (0, 0, 0, 0)$ durchführen (dabei ergab sich $\bar{y}_0 = 350{,}0$).

Der in Tabelle 4.6 angegebene Versuchsplan ist dabei durch Randomisation aus dem Plan V_8 in Tabelle 4.2 entstanden unter Benutzung der randomisierten Zahlenfolge

7, 6, 8, 5, 3, 2, 4, 1.

Berechnen wir nun aus Tabelle 4.6 Schätzungen der Koeffizienten des Ansatzes (4.28) unter Verwendung des Ausdrucks (4.19). Es ergeben sich, wenn wir die Versuchsergebnisse (letzte Spalte in Tabelle 4.6) mit den Vorzeichen der zum Koeffizient gehörenden Einflußgröße versehen, folgende Schätzungen

$$
\begin{aligned}
\hat{\vartheta}_0 &= (296 + 122 + 239 + 586 + 232 + 292 + 539 + 383)/8 = 336{,}12,\\
\hat{\vartheta}_1 &= (296 + 122 - 239 - 586 + 232 + 292 - 539 - 383)/8 = -100{,}62,
\end{aligned}
$$

$$
\hat{\vartheta}_2 = 38{,}2, \qquad \hat{\vartheta}_3 = -25{,}38, \qquad \hat{\vartheta}_4 = -9{,}62,
$$

$$
\hat{\vartheta}_{13} = -1{,}12, \qquad \hat{\vartheta}_{23} = 92{,}12, \qquad \hat{\vartheta}_{34} = -33{,}62.
$$

Aus den Vermengungen (4.33) entnehmen wir, daß die Schätzungen $\hat{\Theta}_i$ jeweils nur mit unwesentlichen, vernachlässigbaren Koeffizienten vermengt sind. Weiterhin überzeugen wir uns leicht durch einen entsprechenden Test, daß die Schätzung $\hat{\Theta}_{13}$ nicht signifikant von null verschieden ist. Bevor wir die Schätzung $\tilde{\eta}(\mathbf{x}, \hat{\boldsymbol{\Theta}})$ weiterverwenden können, wollen wir prüfen, ob der Ansatz $\tilde{\eta}(\mathbf{x}, \boldsymbol{\vartheta})$ die Wirkungsfläche hinreichend genau zu beschreiben vermag. Wir gehen dabei einen etwas anderen Weg als wir im Abschnitt 4.2. beschrieben haben, da wir keine zusätzlichen Versuche durchführen wollen, die Differenz aus Anzahl der Freiheitsgrade (Parameter der Verteilung) und Anzahl der Versuche aber nur 1 beträgt.

Fügen wir der Tabelle 4.6 eine Spalte mit x_i^2 hinzu, dann stimmen die Elemente dieser Spalte mit der Spalte für x_0 überein. Da wir $\vartheta_{124} = 0$ setzen konnten, ist $\hat{\Theta}_0$ eine vermengte Schätzung für $\vartheta_0 + \vartheta_{11} + \cdots + \vartheta_{44} = \vartheta_0 + \sum_{i=1}^{4} \vartheta_{ii}$. Andererseits ist der Mittelwert $\bar{y}_0$ der Versuchsergebnisse von

Tabelle 4.6

Versuch Nr.	V_8								Beobachtungsvektor
	x_0	x_1	x_2	x_3	$x_4 = x_1x_2$	x_1x_3	x_2x_3	x_3x_4	
1	+	+	+	+	+	+	+	+	296
2	+	+	−	+	−	+	−	−	122
3	+	−	−	+	+	−	−	+	239
4	+	−	+	+	−	−	+	−	586
5	+	+	+	−	+	−	−	−	232
6	+	+	−	−	−	−	+	+	292
7	+	−	−	−	+	+	+	−	539
8	+	−	+	−	−	+	−	+	383

im Punkt $(x_1, \ldots, x_4)^{\mathrm{T}} = (0, 0, 0, 0)$ durchgeführten Versuchen eine unvermengte Schätzung für ϑ_0. Mit $\bar{y} = \sum_{i=1}^{n} y_i/n$ als Schätzung $\hat{\Theta}_0$ für $\vartheta_0 + \sum_{i=1}^{4} \vartheta_{ii}$ wird durch $\bar{y} - \bar{y}_0$ der Ausdruck $\sum_{i=1}^{4} \vartheta_{ii}$ geschätzt. Dann läßt sich die Hypothese $H_0: \sum_{i=1}^{4} \vartheta_{ii} = 0$ durch Anwendung des bekannten t-Tests prüfen. Für das vorliegende Beispiel berechnen wir $\bar{y} = \sum_{i=1}^{n} y_i/8 = 336{,}12$ und mit $\bar{y}_0 = 350{,}0$ die Schätzung $\bar{y} - \bar{y}_0 = 336{,}12 - 350{,}0 = -13{,}88$ für $\sum_{i=1}^{4} \vartheta_{ii}$. Da wir die Hypothese $H_0: \sum_{i=1}^{4} \vartheta_{ii} = 0$ für ein beliebiges Signifikanzniveau α nicht abzulehnen brauchen, können wir den Ansatz (4.28) als hinreichend gute Beschreibung von $\eta(\mathbf{x})$ ansehen. Damit der gesuchte Wärmeleitfähigkeitskoeffizient berechnet werden kann, müssen wir noch die Rücktransformation zu (4.30) durchführen. Wir erhalten mit den Beziehungen

$$x_1 = \frac{x_1^{(0)} - 0{,}87}{0{,}15}, \qquad x_2 = \frac{x_2^{(0)} - 40}{5},$$

$$x_3 = \frac{x_3^{(0)} - 1{,}0}{0{,}25}. \qquad x_4 = \frac{x_4^{(0)} - 250}{50}$$

für die Wirkungsfunktion

$$\tilde{\eta}(\mathbf{x}, \hat{\vartheta}) = 336{,}12 - 100{,}62x_1 + 38{,}12x_2 - 25{,}38x_3$$
$$-9{,}62x_4 + 92{,}12x_2x_3 - 33{,}62x_3x_4.$$

Bei der Durchführung eines TFV 2^{k-1} sprechen wir wegen $2^{k-1} = 2^k/2$ auch von halben Wiederholungen. Für $k > 5$ sind solche halben Wiederholungen doch häufig schon zu umfangreich, der Versuchsaufwand ist zu hoch. Da aber viele der unkorrelierten Schätzungen eines TFV 2^{k-1} mit oft nur unwesentlichen Wechselwirkungen vermengt sind, können wir zu noch kleineren Teilen von VFV 2^k übergehen. Sind die Parameter $\vartheta_0, \ldots, \vartheta_k$ eines Ansatzes $\tilde{\eta}(\mathbf{x}, \vartheta)$ zu schätzen, also beispielsweise die Parameter in

$$\tilde{\eta}(\mathbf{x}, \vartheta) = \vartheta_0 x_0 + \vartheta_1 x_1 + \cdots + \vartheta_7 x_7, \tag{4.34}$$

dann gehen wir von einem VFV 2^k aus. Für (4.34) würde so ein Plan $n = 2^7 = 128$ Versuche verlangen. Den VFV 2^k zerlegen wir nun in 2^p Teile und betrachten einen 2^p-ten Teil als TFV 2^{k-p}. Da in (4.34) nur acht Parameter zu schätzen sind, zerlegen wir den VFV 2^7 in $2^4 = 16$ Teile, weil der entstehende TFV 2^{7-4} dann nur noch acht Versuche verlangt. Zur Berechnung der bei dieser Zerlegung auftretenden Vermengungen benötigen wir insgesamt p Generatoren, für einen TFV 2^{7-4} also $p = 4$. Die Vermengungen benötigen wir dann, wenn wir festgestellt haben, daß ein Ansatz $\tilde{\eta}(\mathbf{x}, \boldsymbol{\vartheta})$ nicht umfangreich genug ist und wir zu einem anderen Ansatz übergehen müssen.

Für den Ansatz (4.34) wählen wir die folgenden vier Beziehungen

$$x_1x_2 = x_4, \quad x_1x_3 = x_5, \quad x_2x_3 = x_6, \quad x_1x_2x_3 = x_7. \tag{4.35}$$

Aus (4.35) leiten wir die definierende Beziehung

$$I = x_1x_2x_4 = x_1x_3x_5 = x_2x_3x_6 = x_1x_2x_3x_7 \tag{4.36}$$

her. Damit wir alle Vermengungen aufdecken können, müssen wir auch noch alle Produkte der Generatoren (4.36) betrachten, also z. B. $I = (x_1x_3x_5)(x_2x_3x_6) = x_1x_2x_5x_6$. Bilden wir alle $\binom{4}{2} = 6$ paarweisen Produkte, alle $\binom{4}{3}$ Produkte mit 3 Generatoren und das Produkt aller 4 Generatoren, dann hat die vollständige definierende Beziehung dieses TFV 2^{7-4} die Gestalt

$$\begin{aligned} I &= x_1x_2x_4 = x_1x_3x_5 = x_2x_3x_6 = x_1x_2x_3x_7 = x_2x_3x_4x_5 \\ &= x_1x_3x_4x_6 = x_3x_4x_7 = x_1x_2x_5x_6 = x_2x_5x_7 = x_1x_6x_7 \\ &= x_4x_5x_6 = x_1x_4x_5x_7 = x_2x_4x_6x_7 = x_3x_5x_6x_7 = x_1x_2x_3x_4x_5x_6x_7. \end{aligned} \tag{4.37}$$

Auf dem üblichen Weg, also durch eine entsprechende Multiplikation, bestimmen wir die Vermengungen der Schätzungen. So z. B. für x_1

$$\begin{aligned} x_1 &= x_2x_4 = x_3x_5 = x_1x_2x_3x_6 = x_2x_3x_7 = x_1x_2x_3x_4x_5 = x_3x_4x_6 \\ &= x_1x_3x_4x_7 = x_2x_5x_6 = x_1x_2x_5x_7 = x_6x_7 = x_1x_4x_5x_6 = x_4x_5x_6 \\ &= x_1x_2x_4x_6x_7 = x_1x_3x_5x_6x_7 = x_2x_3x_4x_5x_6x_7 \end{aligned}$$

gilt also

$$\begin{aligned} \hat{\Theta}_1 \to \vartheta_1 &+ \vartheta_{24} + \vartheta_{35} + \vartheta_{1236} + \vartheta_{237} + \vartheta_{12345} + \vartheta_{346} \\ &+ \vartheta_{1347} + \vartheta_{256} + \vartheta_{1257} + \vartheta_{67} + \vartheta_{1456} + \vartheta_{456} \\ &+ \vartheta_{12467} + \vartheta_{13567} + \vartheta_{234567}. \end{aligned} \tag{4.38}$$

Damit wir diese Schätzung sinnvoll anwenden können, müssen wir uns also davon überzeugt haben, daß die entsprechenden Wechselwirkungen vernachlässigbar sind.

Pläne mit einer großen Anzahl von Versuchen erfordern bei ihrer Durchführung viel Zeit. Über einen langen Zeitraum sind aber die Versuchsbedingungen kaum konstant zu halten, sei es durch Alterung der Aggregate, durch Änderung der Eigenschaften der Rohstoffe oder durch deren Verbrauch. Würden wir die Versuche in einer ununterbrochenen Reihenfolge durchführen, dann müßten wir mit einem, möglicherweise recht großen systematischen Fehler rechnen. Deshalb soll dieser zusätzliche Einfluß durch eine Blockbildung (vgl. Kapitel 3) erfaßt werden. Um diese Aufgabe zu lösen, führen wir eine neue diskrete Variable x_* in den Ansatz $\tilde{\eta}(\mathbf{x}, \boldsymbol{\vartheta})$ ein. Diese Variable x_* soll die Veränderung zwischen den Blocks charakterisieren. Wollen wir einen Versuchsplan in 2^q Blocks aufteilen, dann müssen wir q neue Variable $x_*, x_{**}, \ldots$ einführen. Beim Aufteilen eines VFV 2^3 in zwei Blocks identifizieren wir die neue Variable x_* z. B. dann mit $x_1x_2x_3$, wenn die Wechselwirkung ϑ_{123} vernachlässigbar ist. Der erste Block enthält dann alle die Versuche eines VFV 2^3, für die $x_1x_2x_3 = x_* = +1$ gilt, und der zweite Block entsprechend alle Versuche mit $x_1x_2x_3 = x_* = -1$. Den so erhaltenen Versuchsplan können wir auch als TFV 2^{4-1} mit der definierenden Beziehung $I = x_1x_2x_3x_*$ betrachten und die entsprechenden Vermengungen bestimmen. Dabei sollen keine Wechselwirkungen $\vartheta_{1*}, \vartheta_{2*}, \ldots, \vartheta_{12*}, \ldots$ auftreten können. Einzelheiten zur Aufteilung eines VFV 2^k in Blocks finden wir z. B. bei Davies [1].

4.4. Versuchspläne 2. Ordnung

Läßt sich die Wirkungsfläche $\eta(\mathbf{x})$ nicht hinreichend genau durch ein Polynom 1. Grades in jeder Variablen beschreiben, dann gehen wir zu einem Ansatz durch ein Polynom 2. Grades über

$$\tilde{\eta}(\mathbf{x}, \boldsymbol{\vartheta}) = \vartheta_0 x_0 + \sum_{i=1}^{k} \vartheta_i x_i + \sum_{i=1}^{k} \vartheta_{ii} x_i^2 + \sum_{\substack{i=1 \\ j=2,\, i<j}}^{k} \vartheta_{ij} x_i x_j. \tag{4.39}$$

Versuchspläne für einen Ansatz der Form (4.39), die wir als *Versuchspläne 2. Ordnung* bezeichnen, erfordern, daß jeder Faktor auf mindestens 3 Stufen untersucht werden kann, damit eine unvermengte Schätzung der Koeffizienten ϑ_{ii} ($i = 1, \ldots, k$) möglich ist. Nur in wenigen Fällen werden wir für die Beschreibung der Wirkungsfläche $\eta(\mathbf{x})$ sofort einen Ansatz der Form (4.39) wählen. Häufiger wird es sein, zuerst eine Approximation durch ein spezielles Polynom 1. Grades in jeder Variablen vorzunehmen und nur, wenn sich dieser Ansatz als nicht ausreichend erwiesen hat, werden wir zu einem Ansatz durch ein Polynom 2. Grades übergehen. Zur Schätzung der Koeffizienten dieses Ansatzes können wir einen VFV 3^k verwenden. Dabei ist aber die Anzahl der Versuche oft unvertretbar groß, außerdem wurden ja bereits Versuche durchgeführt, die wir gern weiterverwenden wollen (vgl. Forderung 2 in Abschnitt 4.1.).

Erweist sich nach Durchführung eines VFV 2^k oder TFV 2^{k-p} der Ansatz durch ein Polynom 1. Grades in jeder Variablen als unzureichend zur Beschreibung von $\eta(\mathbf{x})$, dann wollen wir weitere Versuche durchführen, um die Koeffizienten $\vartheta_{11}, \vartheta_{22}, \ldots, \vartheta_{kk}$ des quadratischen Ansatzes schätzen zu können. Den Punkten des durchgeführten Planes werden neue Punkte hinzugefügt, z. B. die sogenannten Sternpunkte. Wir können $2k$ solche Sternpunkte mit den Koordinaten

$$(x_1, \ldots, x_k) = (\underbrace{0, \ldots, 0,}_{l} \pm \alpha, 0, \ldots, 0); \quad l = 0, 1, \ldots, k-1, \tag{4.40}$$

finden. Bei der Wahl von α können wir weitere Forderungen an den Versuchsplan berücksichtigen. Für einen VFV 2^k hat wegen $\mathbf{F}^\mathrm{T}\mathbf{F} = n\mathbf{E}_n$ [vgl. (4.17)] die Varianzfunktion $D^2\hat{Y}(\mathbf{x})$ der Schätzung $\hat{Y}(\mathbf{x}) = \tilde{\eta}(\mathbf{x}, \hat{\boldsymbol{\Theta}})$ die spezielle Form [vgl. (1.29)]

$$\begin{aligned} D^2\hat{Y}(\mathbf{x}) &= \sigma^2(1, \mathbf{x}^\mathrm{T})\frac{1}{n}\mathbf{E}_n\begin{pmatrix}1\\ \mathbf{x}\end{pmatrix} \\ &= \frac{\sigma^2}{n}(1 + \mathbf{x}^\mathrm{T}\mathbf{x}) \\ &= \frac{\sigma^2}{n}(1 + x_1^2 + x_2^2 + \cdots + x_k^2). \end{aligned} \tag{4.41}$$

Dabei haben wir den speziellen Funktionsvektor

$$\mathbf{f}(\mathbf{x})^{\mathrm{T}} = (x_0, x_1, \ldots, x_k) = (1, \mathbf{x}^{\mathrm{T}}) \tag{4.42}$$

verwendet. Den Ausdruck (4.41) können wir wie folgt interpretieren: Die Varianz der Schätzung $\hat{Y}(\mathbf{x})$ ist auf allen Kugelschalen $x_1^2 + x_2^2 + \cdots + x_k^2 = \varrho^2$ mit festem Radius ϱ konstant. Ein Versuchsplan mit dieser Eigenschaft heißt *drehbar*. Wir fordern nun, daß auch der durch die Sternpunkte erweiterte Plan drehbar ist. Dazu werden wir Aussagen benötigen, unter welchen Bedingungen an die Matrix $\mathbf{F}^{\mathrm{T}}\mathbf{F}$ die Varianzfunktion von der Gestalt (4.41) ist. Bei Box/Hunter [1] und bei Nalimov/Černova [1] finden wir für Versuchspläne 2. Ordnung die Bedingungen

1. $$\sum_{j=1}^{n} x_{ji}^2/n = \lambda_2, \quad i = 1, \ldots, k, \tag{4.43}$$

2. $$\sum_{j=1}^{n} x_{ji}^4/n = 3 \sum_{j=1}^{n} x_{jt}^2 x_{ji}^2/n = 3\lambda_4, \tag{4.44}$$

3. die ungeraden Momente bis zur 4. Ordnung sind identisch null,

wobei die beliebig wählbaren Konstanten λ_2 und λ_4 noch durch

$$\frac{\lambda_4}{\lambda_2^2} > \frac{k}{k+2} \tag{4.45}$$

eingeschränkt sind (andernfalls ist $\mathbf{F}^{\mathrm{T}}\mathbf{F}$ singulär).

Beschreiben wir nun als Beispiel die Konstruktion eines Versuchsplanes 2. Ordnung für $k = 3$ Einflußfaktoren. Der Ansatz $\tilde{\eta}(\mathbf{x}, \boldsymbol{\vartheta})$ habe also die Form

$$\begin{aligned}\tilde{\eta}(\mathbf{x}, \boldsymbol{\vartheta}) = {} & \vartheta_0 x_0 + \vartheta_1 x_1 + \vartheta_2 x_2 + \vartheta_3 x_3 + \vartheta_{11} x_1^2 \\ & + \vartheta_{22} x_2^2 + \vartheta_{33} x_3^2 + \vartheta_{12} x_1 x_2 + \vartheta_{13} x_1 x_3 + \vartheta_{23} x_2 x_3.\end{aligned} \tag{4.46}$$

Für $k = 3$ existieren $2k = 6$ Sternpunkte mit den Koordinaten

$$\begin{aligned}&(\alpha, 0, 0), \quad (0, \alpha, 0), \quad (0, 0, \alpha), \\ &(-\alpha, 0, 0), \quad (0, -\alpha, 0), \quad (0, 0, -\alpha).\end{aligned} \tag{4.47}$$

Außerdem werden noch n_0 weitere Versuche im Zentrum des Versuchsbereiches $(x_1, \ldots, x_k)^{\mathrm{T}} = (0, \ldots, 0)$ durchgeführt. Dabei beeinflußt n_0 die statistischen Eigenschaften des Versuchsplanes V_n (z. B. die Varianz der Parameterschätzungen). Deshalb können wir zur Festlegung von n_0 weitere Bedingungen heranziehen (z. B. D-Optimalität, vgl. Kapitel 5, und Nalimov [1]).

Ein Versuchsplan, der aus einem VFV 2^k oder TFV 2^{k-p} als Kern, aus den Sternpunkten und den Versuchen im Zentrum des Versuchsbereiches besteht und drehbar ist, soll *zentral zusammengesetzter, drehbarer Versuchsplan* heißen. Er erfordert insgesamt

$$n = 2^{k-p} + 2k + n_0 \tag{4.48}$$

Versuche. Wählen wir als Stufen der Einflußfaktoren wieder die Niveaus -1 und $+1$, dann können wir den Parameter α aus der Forderung der Drehbarkeit berechnen. Wählen wir als Versuchsbereich V eine Hyperkugel mit dem Radius $\varrho = \max\{\sqrt{k}, 2^{(k-p)/4}\}$, dann ist $\alpha = 2^{(k-p)/4}$. Für $k = 3$ wollen wir als Kern einen VFV 2^3 verwenden, der Versuchsbereich V sei eine Kugel mit dem Radius $\varrho = \max\{\sqrt{3}, 2^{(3-0)/4}\} = \sqrt{3}$, die Sternpunkte sind gegeben durch $\alpha \doteq 2^{3/4} = 1{,}682$.

Die günstigste Anzahl n_0 von Versuchen im Zentrum beträgt $n_0 = 6$. Somit ergibt sich der in Tabelle 4.7 angegebene Versuchsplan zur unvermengten Schätzung der Koeffizienten des Ansatzes (4.46). Die Schätzungen sind aber nicht mehr unkorreliert, es sind $\text{cov}(\Theta_0, \Theta_{ii})$ und $\text{cov}(\Theta_{ii}, \Theta_{jj})$ von null verschieden.

Tabelle 4.7

Versuch Nr.	x_0	x_1	x_2	x_3	x_1^2	x_2^2	x_3^2	x_1x_2	x_1x_3	x_2x_3	
1	1	−1	−1	−1	1	1	1	1	1	1	Kern VFV 2^3
2	1	1	−1	−1	1	1	1	−1	−1	1	
3	1	−1	1	−1	1	1	1	−1	1	−1	
4	1	1	1	−1	1	1	1	1	−1	−1	
5	1	−1	−1	1	1	1	1	1	−1	−1	
6	1	1	−1	1	1	1	1	−1	1	−1	
7	1	−1	1	1	1	1	1	−1	−1	1	
8	1	1	1	1	1	1	1	1	1	1	
9	1	−1,682	0	0	2,828	0	0	0	0	0	Sternpunkte
10	1	1,682	0	0	2,828	0	0	0	0	0	
11	1	0	−1,682	0	0	2,828	0	0	0	0	
12	1	0	1,682	0	0	2,828	0	0	0	0	
13	1	0	0	−1,682	0	0	2,828	0	0	0	
14	1	0	0	1,682	0	0	2,828	0	0	0	
15	1	0	0	0	0	0	0	0	0	0	Versuche im Zentrum des Versuchsbereichs
16	1	0	0	0	0	0	0	0	0	0	
17	1	0	0	0	0	0	0	0	0	0	
18	1	0	0	0	0	0	0	0	0	0	
19	1	0	0	0	0	0	0	0	0	0	
20	1	0	0	0	0	0	0	0	0	0	

Veranschaulichen wir uns die Lage der Versuchspunkte im R^3, dann erhalten wir das folgende Bild 4.3.

Die Punkte des VFV 2^3 sind in Bild 4.3 durch Kreise, die Sternpunkte durch Kreuze und das Zentrum des Versuchsbereiches durch einen vollen Kreis dargestellt. Außer der hier vorgestellten Möglichkeit gibt es noch andere Konstruktionsprinzipien für Versuchspläne 2. Ordnung. So können wir z. B. die Versuchspunkte auf mehreren Kugelschalen anordnen, oder wir konstruieren nichtdrehbare, zentral zusammengesetzte Pläne 2. Ordnung. Nähere Ausführungen zu dieser Problematik finden wir z. B. bei Bandemer/Bellmann/Jung/Richter [1].

4.5. Aufsuchen optimaler Bedingungen (Methode von Box und Wilson)

Bei der Lösung praktischer Aufgabenstellungen interessiert sehr häufig, unter welchen Bedingungen die Durchführung eines bestimmten Prozesses optimal ist. So suchen wir bei einem chemischen Prozeß z. B. einen bestimmten Temperaturbereich,

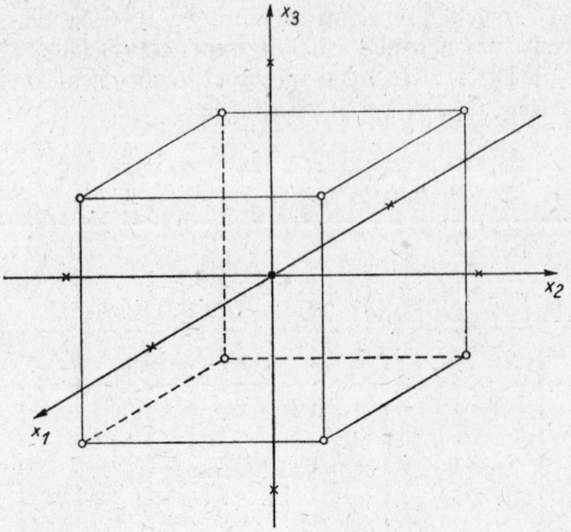

Bild 4.3

eine Reaktionszeit, bestimmte Druck- oder Konzentrationswerte, so daß ein Qualitätsmerkmal des Endproduktes ein Maximum annimmt. Mathematisch formuliert suchen wir ein Maximum der Wirkungsfläche $\eta(\mathbf{x})$ in einem festgelegten Versuchsbereich V. Wenn die Funktion $\eta(\mathbf{x})$ bekannt ist, dann geschieht die Suche nach einem Optimum mit bekannten Verfahren der Optimierung (vgl. Bd. 14 und Bd. 15). Ist die Wirkungsfläche unbekannt, werden wir eine Schätzung $\tilde{\eta}(\mathbf{x}, \hat{\boldsymbol{\Theta}})$ mit einem geeigneten Ansatz berechnen. Dabei wird für eine hinreichende Genauigkeit im gesamten Definitionsbereich in der Regel eine große Anzahl von Versuchen erforderlich sein, zumal dann, wenn ein Polynom 2. oder höheren Grades verwendet werden muß. Ein von Box/Wilson [1] vorgeschlagenes Verfahren erlaubt ein Aufsuchen optimaler Bedingungen mit relativ wenig Versuchen. Dazu muß die Behandlung der praktischen Aufgabenstellung die Anwendung eines Sequentialverfahrens erlauben, die Varianz σ^2 des Versuchsfehlers muß hinreichend klein sein, die Wirkungsfläche soll im interessierenden Bereich V lokal linear approximierbar sein, und ein lokales Maximum von $\eta(\mathbf{x})$ soll zugleich ein globales Maximum sein. Der Grundgedanke des Verfahrens besteht nun darin, zunächst mit wenig Versuchen einen kleinen Teil der Wirkungsfläche durch ein spezielles Polynom (meist 1. Grades) zu beschreiben. Ist diese Beschreibung in dem gewünschten kleinen Teilgebiet sinnvoll (das kann durch einen Test geprüft werden, vgl. Abschnitt 4.2.), dann gehen wir in Gradientenrichtung (Richtung des steilsten Anstieges) auf $\hat{y}(\mathbf{x}) = \tilde{\eta}(\mathbf{x}, \hat{\boldsymbol{\vartheta}})$ solange weiter, bis wir ein Maximum der Realisierungen der Zielgröße in dieser Richtung gefunden haben. Dieser Versuchspunkt wird nun Zentrum eines neuen Teilgebietes von V, in dem wir wieder $\eta(\mathbf{x})$ durch ein spezielles Polynom zu beschreiben versuchen. Ist diese Beschreibung auch noch sinnvoll, dann gehen wir in Richtung des Gradienten von $\tilde{\eta}(\mathbf{x}, \hat{\boldsymbol{\vartheta}})$ zu einem neuen maximalen Wert, dem Zentrum des nächsten Teilgebietes, über. Diese Vorgehensweise können wir solange fortsetzen, bis das gewählte spezielle Polynom zur Beschreibung von $\eta(\mathbf{x})$ nicht mehr ausreicht und wir auf andere Ansätze zurückgreifen müssen. Das Gebiet, in dem das spezielle Polynom keine sinnvolle Beschreibung von $\eta(\mathbf{x})$ liefert, wird als *fast-stationäres Gebiet* bezeichnet. In diesem Gebiet wird nun ein Versuchsplan höherer Ordnung (meist 2. Ordnung) zur Schätzung von $\eta(\mathbf{x})$ herangezogen (der bisherige Versuchsplan kann dabei als Kern weiterverwendet werden, vgl. Abschnitt 4.4.). Selten wird es auch notwendig sein, einen Versuchsplan 3. Ordnung zu verwenden.

Die Vorgehensweise von Box/Wilson bewirkt, daß die meisten Versuche im Gebiet des Maximums der Wirkungsfläche durchgeführt werden. Bei dem so gefundenen Maximum handelt es sich jedoch meist nur um ein relatives Maximum. Davies [1] weist aber darauf hin, daß z. B. bei chemischen Prozessen das lokale und das globale Maximum in der Regel zusammenfallen.

Als Gradient einer Funktion $g(\mathbf{x})$ bezeichnet man bekanntlich den Vektor der partiellen Ableitungen nach den einzelnen Variablen

$$\nabla g(\mathbf{x}) = \left(\frac{\partial g(\mathbf{x})}{\partial x_1}, \ldots, \frac{\partial g(\mathbf{x})}{\partial x_k}\right)^{\mathrm{T}}. \tag{4.49}$$

Berechnen wir nun den Gradient einer Realisierung der Schätzung $\hat{Y}(\mathbf{x})$ des Ansatzes $\tilde{\eta}(\mathbf{x}, \boldsymbol{\vartheta})$, wobei ein Polynom 1. Grades als Ansatz verwendet werden soll, dann erhalten wir mit (4.49)

$$\nabla \hat{y} = (\hat{\vartheta}_1, \ldots, \hat{\vartheta}_k)^{\mathrm{T}}. \tag{4.50}$$

Also ist eine Bewegung in Gradientenrichtung gleichbedeutend damit, daß die Variablen $x_1, \ldots, x_k$ proportional zu den Parameterschätzungen geändert werden müssen. Die Festlegung der Änderung der Variablen wird mit einer sogenannten Einheit vorgenommen. Ist $V^{(0)}$ der natürliche Versuchsbereich, gegeben durch das Parallelepiped

$$a_i \leqq x_i^{(0)} \leqq b_i, \quad i = 1, \ldots, k,$$

dann wird die der Änderung der Variablen x_i $(i = 1, \ldots, k)$ vom Niveau 0 auf das Niveau 1 entsprechende Änderung der natürlichen Variablen $x_i^{(0)}$ als Einheit festgelegt. Diese Änderung erhalten wir durch $(b_i - a_i)/2$ $(i = 1, \ldots, k)$. Entsprechend den praktischen Erfordernissen müssen wir nun bei der Behandlung des Problems die Schrittlänge einer beliebigen natürlichen Variablen $x_q^{(0)}$ fest wählen, um damit dann den Proportionalitätsfaktor w für die Änderung der Variablen berechnen zu können. Die Schrittlängen der Variablen $x_i^{(0)}$ ergeben sich dann durch Multiplikation des Ausdrucks $(b_i - a_i)\,\hat{\vartheta}_i/2$ mit dem Proportionalitätsfaktor w.

Das Erreichen des fast-stationären Gebietes erkennen wir nun daran, daß die Schätzungen der Hauptwirkungen nicht mehr groß sind im Verhältnis zu den Schätzungen gewisser Wechselwirkungen, oder daß die Meßwerte in Gradientenrichtung sich deutlich nichtlinear ändern. Erweisen sich die Schätzungen der Hauptwirkungen (d. h. der Anstieg von $\tilde{\eta}(\mathbf{x}, \hat{\boldsymbol{\vartheta}})$) als nicht mehr signifikant von null verschieden, dann haben wir die Umgebung des Maximums der Wirkungsfläche erreicht und müssen die weiteren Untersuchungen mit einem Versuchsplan höherer Ordnung vornehmen.

Beispiel 4.2 (1. Etappe des Verfahrens von Box/Wilson): Für die Extraktion von Mikromengen Hafnium durch Tributylphosphat sind die optimalen Prozeßbedingungen zu bestimmen. Als Zielgröße betrachten wir den Verteilungskoeffizienten des Hafniums, der von vier Einflußgrößen

$x_1^{(0)}$ – Konzentration der wasserfreien Salpetersäure in der wäßrigen Ausgangslösung (in Normalprozenten),

$x_2^{(0)}$ – Konzentration von Tributylphosphat im o-Xylol (in Volumenprozenten),

$x_3^{(0)}$ – Verhältnis der Phasen,

$x_4^{(0)}$ – Extraktionszeit (in Minuten),

abhängt. Für die erste Etappe des Verfahrens wollen wir einen TFV 2^{4-1} mit der definierenden Beziehung $I = x_1x_2x_3x_4$ verwenden. Mit diesem Versuchsplan lassen sich 8 Koeffizienten schätzen. Als Ansatz für $\eta(\mathbf{x})$ wählen wir das spezielle Polynom 1. Grades

$$\tilde{\eta}(\mathbf{x}, \vartheta) = \vartheta_0x_0 + \vartheta_1x_1 + \vartheta_2x_2 + \vartheta_3x_3 + \vartheta_4x_4 + \vartheta_{12}x_1x_2 + \vartheta_{13}x_1x_3 + \vartheta_{14}x_1x_4. \tag{4.51}$$

Die Schätzungen der Parameter sind wie folgt vermengt

$$\hat{\Theta}_1 \to \vartheta_1, \quad \hat{\Theta}_2 \to \vartheta_2, \quad \hat{\Theta}_3 \to \vartheta_3, \quad \hat{\Theta}_4 \to \vartheta_4,$$
$$\hat{\Theta}_{12} \to \vartheta_{12} + \vartheta_{34}, \quad \hat{\Theta}_{13} \to \vartheta_{13} + \vartheta_{24}, \quad \hat{\Theta}_{14} \to \vartheta_{14} + \vartheta_{23}. \tag{4.52}$$

Wir beginnen unsere Rechnung mit dem Anfangsversuchsbereich

$$V^{(1)}: 5 \leqq x_1^{(0)} \leqq 9, \quad 40 \leqq x_2^{(0)} \leqq 60,$$
$$0{,}2 \leqq x_3^{(0)} \leqq 0{,}4, \quad 2 \leqq x_4^{(0)} \leqq 12. \tag{4.53}$$

Die in der Tabelle 4.8 enthaltenen Beobachtungswerte sind jeweils wieder Mittelwerte aus je zwei Beobachtungen in jedem Versuchspunkt. Die Schätzungen $\hat{\vartheta}_i$ $(i = 1, \ldots, 4)$ wurden unter Verwendung von (4.19) berechnet. Durch praktische Versuchsvorschriften sei in diesem Beispiel eine Änderung der Variablen $x_2^{(0)}$ um jeweils 3 Einheiten (Volumenprozente) vorgegeben. Würden wir über die Tabelle 4.8 hinaus einen 12. Versuch durchführen, dann könnten wir feststellen, daß wir bereits beim 11. Versuch den Maximalwert der Realisierung der Zielgröße erreicht haben. Daher wäre also der 11. Versuchspunkt Zentrum des Teilversuchsbereiches $V^{(2)}$, in dem die Untersuchungen fortzusetzen wären. Wir überzeugen uns aber leicht davon, daß wir mit dem 11. Punkt bereits das fast-stationäre Gebiet erreicht haben. Zur weiteren Untersuchung müßten wir nun ein Polynom 2. Grades heranziehen, das wollen wir aber nicht mehr ausführen.

Haben wir durch einen Versuchsplan 2. oder höherer Ordnung im fast-stationären Gebiet eine hinreichend gute Beschreibung der Wirkungsfläche $\eta(\mathbf{x})$ erhalten, dann können wir die optimalen Versuchsbedingungen bestimmen. Dazu untersuchen wir den Typ der Wirkungsfläche (wir identifizieren nach der Schätzung die unbekannte Wirkungsfläche mit $\tilde{\eta}(\mathbf{x}, \hat{\vartheta})$, d. h., wir bringen $\tilde{\eta}(\mathbf{x}, \hat{\vartheta})$ durch eine Hauptachsentransformation auf die Normalform einer Fläche 2. oder höherer Ordnung und bestimmen den optimalen Punkt dieser Fläche. Eine ausführliche Darstellung und weitere Beispiele zu diesem Vorgehen finden wir bei Box/Wilson [1], Davies [1] und Nalimov/Černova [1].

4.6. Zusammenfassung

Für eine Schätzung der Wirkungsfunktion sollen als Ansätze $\tilde{\eta}(\mathbf{x}, \vartheta)$ Polynome vom Grad d und Polynome vom Grad d in jeder Variablen (vgl. (1.16) und (1.18)) herangezogen werden. Die Einflußfaktoren x_i $(i = 1, \ldots, k)$ können dabei im Versuchsbereich V jeweils nur t_{ij} $(i = 1, \ldots, k; j = 1, \ldots, p_i)$

Tabelle 4.8

	$x_1^{(0)}$	$x_2^{(0)}$	$x_3^{(0)}$	$x_4^{(0)}$	Beobachtungs-ergebnisse
unteres Niveau $(x_i = -1)$	5,0	40,0	0,2	2,0	
Nullniveau $(x_i = 0)$	7,0	50,0	0,3	7,0	
oberes Niveau $(x_i = 1)$	9,0	60,0	0,4	12,0	
Einheit $(b_i - a_i)/2 = e_i$	2,0	10,0	0,1	5,0	
Versuch Nr.	x_1	x_2	x_3	x_4	
1	−	−	−	−	0,2970
2	+	−	+	−	5,3650
3	−	−	+	+	0,3995
4	−	+	−	+	0,6770
5	+	+	−	−	21,4500
6	+	−	−	+	8,9300
7	−	+	+	−	0,3505
8	+	+	+	+	16,2500
$\hat{\vartheta}_i$	6,284	2,967	−1,124	−0,151	
$e_i\hat{\vartheta}_i$	12,568	29,67	−0,112	−0,755	
vorgeschriebene Änderung Δ		3			
Proportionalitätsfaktor w $(\Delta = we_2\hat{\vartheta}_2)$		0,101			
$we_i\hat{\vartheta}_i$	1,269	3	−0,011	−0,076	
Rundung der Schrittweite	1,3	3	−0,01	−0,1	
Versuch Nr. 9 1. Schritt Nullniveau + Schrittweite	8,3	53	0,29	6,9	44,0000
Versuch Nr. 10 2. Schritt Niveau 9. Versuch + Schrittweite	9,6	56	0,28	6,8	160,0
Versuch Nr. 11 3. Schritt Niveau 10. Versuch + Schrittweite	10,9	59	0,27	6,7	303,3

diskrete Werte annehmen, die wir als Stufen oder Niveaus bezeichnen. Damit eine eindeutige Schätzung der Parameter überhaupt möglich ist, müssen mindestens so viele Versuche durchgeführt werden, wie ein Ansatz unbekannte Parameter besitzt. Außerdem muß bei einem Ansatz durch ein Polynom vom Grade d in jeder Variablen dieselbe auf mindestens $(d + 1)$ Stufen vorkommen. Weiterhin soll ein Versuchsplan noch die Forderungen

1. in H sei eine hinreichend genaue Schätzung möglich,
2. durch einen Test sei nachprüfbar, ob die Schätzung $\tilde{\eta}(\mathbf{x}, \hat{\Theta})$ hinreichend genau für $\eta(\mathbf{x})$ ist, andernfalls soll der Versuchsplan als Kern weiterverwendet werden,
3. eine Blockbildung sei möglich,

erfüllen. Für einen Ansatz $\tilde{\eta}_1(\mathbf{x}, \boldsymbol{\vartheta})$ durch ein Polynom vom Grad 1 in jeder Variablen betrachten wir die k Faktoren auf 2 Stufen, d. h. 2^k Versuche zur Schätzung der 2^k Koeffizienten. Durch weitere Versuche können wir durch den bekannten F-Test prüfen, ob der Ansatz zur Beschreibung von $\eta(\mathbf{x})$ ausreicht. Falls bekannt ist, daß gewisse Koeffizienten des Ansatzes $\tilde{\eta}_1(\mathbf{x}, \boldsymbol{\vartheta})$ null sind, lassen sich aus VFV 2^k Teilpläne TFV 2^{k-p} auswählen, mit denen die verbleibenden Koeffizienten geschätzt werden können. Für die Schätzung der Koeffizienten von $\tilde{\eta}_1(\mathbf{x}, \boldsymbol{\vartheta})$ ergeben sich dabei Vermengungsstrukturen. Für ein Polynom 2. Grades $\tilde{\eta}_2(\mathbf{x}, \boldsymbol{\vartheta})$ als Ansatz werden für jede Variable als dritte Stufe Sternpunkte gewählt, so daß der sich aus einem VFV 2^k ergebende Plan drehbar wird, d. h. $D^2\hat{Y}(\mathbf{x}) = g(|\varrho|)$, wobei ϱ der Abstand eines Punktes einer Kugeloberfläche vom Koordinatenursprung ist. Anwendung finden die Pläne z. B. bei einem Verfahren von Box und Wilson zum Aufsuchen eines optimalen Wertes von $\eta(\mathbf{x})$. Dabei beginnen wir in einem kleinen Teilgebiet und nähern $\eta(\mathbf{x})$ durch ein Polynom 1. Grades. Falls dieses zur Beschreibung ausreicht (Test), gehen wir in Richtung des steilsten Anstiegs (Gradient von $\tilde{\eta}(\mathbf{x}, \hat{\boldsymbol{\vartheta}})$) bis zum größten Wert in dieser Richtung vorwärts und beschreiben $\eta(\mathbf{x})$ im Teilgebiet um diesen Wert wieder durch ein Polynom 1. Grades, usw. In dieser Weise gehen wir solange vorwärts, wie ein Polynom 1. Grades zur Beschreibung ausreicht. Andernfalls gehen wir zu einem Polynom 2. Grades über und bestimmen im damit erreichten Teilgebiet die Extrema der Schätzung von $\tilde{\eta}_2(\mathbf{x}, \boldsymbol{\vartheta})$.

5. Optimale Versuchsplanung für die Schätzung im Regressionsmodell

5.1. Einleitung und Problemstellung

Wie wir bereits in Kapitel 1 gesehen haben, besteht die Aufgabe der Versuchsplanung im linearen Regressionsmodell darin, vor der Durchführung von Versuchen die zu verwendenden Meßstellen auszuwählen, zu planen. Zur Schätzung der unbekannten Koeffizienten des Ansatzes $\tilde{\eta}(\mathbf{x}, \boldsymbol{\vartheta})$ wählen wir hier die Methode der kleinsten Quadrate. Ein vorgegebener Versuchsplan V_n muß dabei gewisse Eigenschaften besitzen, damit die Schätzmethode überhaupt angewendet werden kann. Können wir beispielsweise zur Schätzung der Koeffizienten ϑ_0 und ϑ_1 eines linearen Ansatzes der Form $\tilde{\eta}(x, \boldsymbol{\vartheta}) = \vartheta_0 + \vartheta_1 x$ Versuche in einem Versuchsbereich $V = [a, b]$ durchführen, dann müssen wir mindestens zwei verschiedene Punkte in V auswählen, damit ϑ_0 und ϑ_1 eindeutig geschätzt werden können. So ist es z. B. möglich, $n/2$ Versuche bei $x = a$ und $n/2$ Versuche bei $x = b$ durchzuführen. Aber auch jede andere Anordnung der n Versuchspunkte, also z. B. auch die äquidistante Anordnung $x_1 = a$, $x_2 = a + (b - a)/(n - 1)$, $x_3 = a + 2(b - a)/(n - 1), \ldots, x_n = b$, liefert einen möglichen Versuchsplan zur Schätzung von ϑ_0 und ϑ_1.

Bei einem gegebenen Versuchsplan, bei festem σ^2 und n erhalten wir durch die Methode der kleinsten Quadrate eine beste, lineare, erwartungstreue Schätzung: Gilt für die Kovarianzmatrix des Stichprobenvektors $\mathbf{B}\mathscr{Y} = \sigma^2\mathbf{E}_n$, dann erfüllt die Kovarianzmatrix des nach der MkQ geschätzten Parametervektors die Beziehung

$$\mathbf{x}^\top \mathbf{B}_{\hat{\boldsymbol{\Theta}}}\mathbf{x} \leqq \mathbf{x}^\top \mathbf{B}_{\breve{\boldsymbol{\Theta}}}\mathbf{x} \tag{5.1}$$

für alle $\mathbf{x} \in R^k$, wobei $\mathbf{B}_{\breve{\boldsymbol{\Theta}}}$ die Kovarianzmatrix einer beliebigen linearen, erwartungstreuen Schätzung ist. Diese Aussage wird in dem bekannten Theorem von Gauß-Markow bewiesen (vgl. z. B. Scheffé [1]). Gilt für zwei Matrizen $\mathbf{A}$ und $\mathbf{B}$ der Ordnung $k \times k$ für alle $\mathbf{x} \in R^k$ die Beziehung $\mathbf{x}^\top\mathbf{A}\mathbf{x} \leqq \mathbf{x}^\top\mathbf{B}\mathbf{x}$, dann ist das gleichbedeutend mit $\mathbf{x}^\top(\mathbf{B} - \mathbf{A})\mathbf{x} \geqq 0$. Das heißt aber, daß $\mathbf{B} - \mathbf{A}$ eine positiv semidefinite Matrix ist (vgl. Bd. 13), und wir führen durch die Schreibweise $\mathbf{B} \geqq \mathbf{A}$ eine Halbordnung für Matrizen im Sinne dieser positiven Semidefinitheit ein.

Besitzt der Regressionsansatz $\tilde{\eta}(\mathbf{x}, \boldsymbol{\vartheta})$ nur einen unbekannten Koeffizienten, dann ergibt sich aus (5.1) die Beziehung

$$D^2\hat{\Theta} \leqq D^2\breve{\Theta}. \tag{5.2}$$

Durch eine Planung der durchzuführenden Versuche wollen wir erreichen, daß die Größen auf der linken Seite von (5.1) bzw. (5.2) für die MkQ weiter beeinflußt (d. h. minimiert) werden. Für den Ansatz $\vartheta_0 + \vartheta_1 x$ bedeutet das, wir versuchen die Varianzen der Parameterschätzungen [vgl. (1.35)]

$$D^2\hat{\Theta}_0 = \frac{\sigma^2 \sum_{i=1}^{n} x_i^2}{n \sum_{i=1}^{n} (x_i - \bar{x})^2}$$

und

$$D^2\hat{\Theta}_1 = \frac{\sigma^2}{\sum_{i=1}^{n} (x_i - \bar{x})^2} \tag{5.3}$$

durch eine geeignete Wahl der Versuchspunkte $x_1, \ldots, x_n$ zu verkleinern. Da die Schätzungen $\hat{\Theta}_0$ und $\hat{\Theta}_1$ nicht unabhängig voneinander sind [vgl. (1.35)], können wir im allgemeinen zwei Versuchspläne zur Schätzung mehrerer Parameter nicht einfach durch die dazugehörigen Varianzausdrücke vergleichen, sondern benötigen geeignete Optimalitätskriterien.

5.2. Konkrete und diskrete Versuchspläne

Wie wir bereits in Kapitel 1 festgelegt haben, wollen wir die Gewinnung einer Realisierung $y(\mathbf{x})$ einer Zufallsgröße $Y(\mathbf{x})$ an einem vorgegebenen Punkt $\mathbf{x}$ als *Versuch* bezeichnen. Alle Punkte $\mathbf{x}$, in denen solche Realisierungen gewonnen werden können, fassen wir zum *Versuchsbereich* V zusammen. Vielfach interessiert aber die Wirkungsfläche $\eta(\mathbf{x})$ gerade für solche Punkte $\mathbf{x}$, in denen wir keine (oder noch keine) Versuche durchführen können. Deshalb bezeichnen wir alle Punkte $\mathbf{x}$, in denen Schätzungen der Parameter ϑ_i bzw. der Wirkungsfläche $\eta(\mathbf{x})$ interessieren, als *Prognosebereich* H. Selbstverständlich müssen $\eta(\mathbf{x})$ und auch $\tilde{\eta}(\mathbf{x}, \boldsymbol{\vartheta})$ sowohl über V als auch über H definiert sein. Folgende Relationen zwischen Versuchs- und Prognosebereich sind von besonderem Interesse bei der Behandlung praktischer Problemstellungen

$$V = H, \; V \subset H, \; V \cap H = \emptyset. \tag{5.4}$$

Eine Definition eines konkreten Versuchsplanes wurde bereits im Kapitel 1 (vgl. Def. 1.1) gegeben. Unter einer Durchführung eines konkreten Versuchsplanes wollen wir die Gewinnung von je einer Realisierung der Zielgröße $Y(\mathbf{x})$ an den Punkten $\mathbf{x}_1, \ldots, \mathbf{x}_n$ des Planes V_n verstehen. Dabei sind die Punkte $\mathbf{x}_i$ $(i = 1, \ldots, n)$ nicht notwendig voneinander verschieden. Für großes n und viele gleiche Punkte $\mathbf{x}_i$ ist deshalb eine abgekürzte Schreibweise, die nur die Punkte des Planes V_n anführt, die voneinander verschieden sind, günstiger. Besitzt der Versuchsplan V_n genau m verschiedene Punkte $\mathbf{x}_i$ $(i = 1, \ldots, m)$, dann bezeichnen wir die Gesamtheit dieser verschiedenen Punkte als *Spektrum* $S(V_n)$. Zur Festlegung eines konkreten Versuchsplanes V_n gehört dann nur noch die Angabe der Häufigkeiten, mit denen die Punkte des Spektrums $S(V_n)$ im Plan V_n auftreten sollen. Ist p_i die relative Häufigkeit für den Punkt $\mathbf{x}_i$, dann erhalten wir die Darstellung

$$V_n = \begin{Bmatrix} \mathbf{x}_1, \ldots, \mathbf{x}_m \\ p_1, \ldots, p_m \end{Bmatrix} = \{\mathbf{x}_l, p_l\}_{l=1}^{m} \tag{5.5}$$

mit

$$p_l = n_l/n, \quad n_l \in \{1, 2, \ldots, n\} \quad \text{und} \quad \sum_{l=1}^{n} p_l = 1. \tag{5.6}$$

Die relativen Häufigkeiten p_i werden auch als *Gewichte* der Punkte $\mathbf{x}_i$ bezeichnet und sind Vielfache von $1/n$.

Zur Beurteilung der Genauigkeit einer Schätzung ziehen wir die entsprechenden Varianzausdrücke für diese Schätzungen heran. Für die Schätzungen $\hat{\Theta}_i$, $i = 1, \ldots, k$, der Parameter des Ansatzes $\tilde{\eta}(\mathbf{x}, \boldsymbol{\vartheta}) = \mathbf{f}(\mathbf{x})^{\mathrm{T}} \boldsymbol{\vartheta}$ [vgl. (1.26)] ist das die Kovarianzmatrix der Schätzung $\hat{\boldsymbol{\Theta}}$ des Parametervektors $\boldsymbol{\vartheta}$

$$\mathbf{B}_{\hat{\boldsymbol{\Theta}}} = \sigma^2 (\mathbf{F}^{\mathrm{T}} \mathbf{F})^{-1} \tag{5.7}$$

[vgl. (1.28)] und für die Schätzung $\tilde{\eta}(\mathbf{x}, \hat{\boldsymbol{\Theta}}) = \hat{Y}(\mathbf{x})$ der Wirkungsfunktion [vgl. (1.29)]

$$D^2 \hat{Y}(\mathbf{x}) = \sigma^2 \mathbf{f}(\mathbf{x})^{\mathrm{T}} (\mathbf{F}^{\mathrm{T}} \mathbf{F})^{-1} \mathbf{f}(\mathbf{x}). \tag{5.8}$$

Die Varianzausdrücke (5.7) und (5.8) sind nur über die Matrix $\mathbf{F}^\mathsf{T}\mathbf{F}$ durch den Versuchsplan V_n zu beeinflussen. Die Matrix $\mathbf{F}^\mathsf{T}\mathbf{F}$ wird also im Weiteren eine bedeutende Rolle spielen, deshalb führen wir die Bezeichnung

$$\frac{1}{n}\mathbf{F}^\mathsf{T}\mathbf{F} = \mathbf{M}(V_n) \tag{5.9}$$

ein und nennen die Matrix $\mathbf{M}(V_n)$ auch *Informationsmatrix* (sind die Beobachtungen $Y(\mathbf{x})$ normalverteilt, dann entspricht $\mathbf{M}(V_n)$ der bekannten Fisherschen Informationsmatrix, vgl. z. B. Fisz [1]). Mit $\mathbf{M}(V_n)$ erhalten wir aus (5.7)

$$\mathbf{B}_{\hat{\Theta}} = \frac{\sigma^2}{n}\mathbf{M}^{-1}(V_n) \tag{5.10}$$

und aus (5.8.)

$$D^2\hat{Y}(\mathbf{x}) = \frac{\sigma^2}{n}\mathbf{f}^\mathsf{T}(\mathbf{x})\mathbf{M}^{-1}(V_n)\mathbf{f}(\mathbf{x}). \tag{5.11}$$

Für die weiteren Betrachtungen benötigen wir einige Eigenschaften der Matrix $\mathbf{M}(V_n)$, die sich aber leicht aus der Struktur von $\mathbf{F}^\mathsf{T}\mathbf{F}$ herleiten lassen [vgl. (4.11)]. Verwenden wir für $\mathbf{F}$ die Darstellung (1.14), dann erhalten wir

$$\mathbf{F}^\mathsf{T}\mathbf{F} = \sum_{j=1}^{n} \mathbf{f}(\mathbf{x}_j)\mathbf{f}(\mathbf{x}_j)^\mathsf{T}. \tag{5.12}$$

Für einen Versuchsplan der Form (5.5) wird somit

$$\mathbf{F}^\mathsf{T}\mathbf{F} = \sum_{j=1}^{m} n_j\,\mathbf{f}(\mathbf{x}_j)\,\mathbf{f}(\mathbf{x}_j)^\mathsf{T} = n\sum_{j=1}^{m} p_j\,\mathbf{f}(\mathbf{x}_j)\,\mathbf{f}(\mathbf{x}_j)^\mathsf{T}.$$

Wegen (5.9) läßt sich die Informationsmatrix somit in der Form

$$\mathbf{M}(V_n) = \sum_{l=1}^{m} p_l\mathbf{f}(\mathbf{x}_l)\,\mathbf{f}(\mathbf{x}_l)^\mathsf{T} \tag{5.13}$$

schreiben. Ein Beispiel erläutere diese Darstellung.

Ist für den Ansatz $\tilde{\eta}(x, \boldsymbol{\vartheta}) = \vartheta_0 + \vartheta_1 x$ ein Versuchsplan

$V_n = \begin{Bmatrix} -1 & 1 \\ 1/3 & 2/3 \end{Bmatrix}$ gegeben, dann ist $\mathbf{f}(x)^\mathsf{T} = (1, x)$.

Für $n = 6$ schreiben wir für den konkreten Versuchsplan V_6 auch $V_6 = (-1, -1, +1, +1, +1, +1)$ und die Matrix $\mathbf{F}^\mathsf{T}\mathbf{F}$ [vgl. (4.11)] ist dann

$$\mathbf{F}^\mathsf{T}\mathbf{F} = \begin{pmatrix} 6 & 2 \\ 2 & 6 \end{pmatrix},$$

wobei z. B. $\sum_{j=1}^{6} f_1(x_j)f_2(x_j) = 1(-1) + 1(-1) + 1 + 1 + 1 + 1 = 2$ gilt.

Für (5.13) erhalten wir mit $m = 2$, $p_1 = 1/3$, $p_2 = 2/3$ für die Informationsmatrix

$$\mathbf{M}(V_n) = \frac{1}{3}\begin{pmatrix} 1 \\ -1 \end{pmatrix}(1\ \ -1) + \frac{2}{3}\begin{pmatrix} 1 \\ 1 \end{pmatrix}(1\ \ 1),$$

$$\mathbf{M}(V_n) = \frac{1}{3}\begin{pmatrix} 1 & -1 \\ -1 & 1 \end{pmatrix} + \frac{2}{3}\begin{pmatrix} 1 & 1 \\ 1 & 1 \end{pmatrix} = \begin{pmatrix} 1 & 1/3 \\ 1/3 & 1 \end{pmatrix},$$

also wegen (5.9) Übereinstimmung der Darstellungen.

Die Informationsmatrix besitzt die folgenden Eigenschaften:

1. $\mathbf{M}(V_n)$ ist eine positiv semidefinite Matrix (d. h. $\det\mathbf{M}(V_n) \geqq 0$).
2. Es gilt $\det\mathbf{M}(V_n) = 0$, wenn das Spektrum $S(V_n)$ weniger als r Punkte enthält (enthält $S(V_n)$ nur $r' < r$ Punkte, dann ist $\mathrm{Rg}\mathbf{F} \leqq r' < r$ und somit $\det\mathbf{F}^{\mathrm{T}}\mathbf{F} = 0$, vgl. Bd. 13).
3. Für zwei Versuchspläne $V_n = (\mathbf{x}_1^{(1)}, \ldots, \mathbf{x}_n^{(1)})$ und $V_s = (\mathbf{x}_1^{(2)}, \ldots, \mathbf{x}_s^{(2)})$ gilt als Summe der Pläne $V_{n+s} = (\mathbf{x}_1^{(1)}, \ldots, \mathbf{x}_n^{(1)}, \mathbf{x}_1^{(2)}, \ldots, \mathbf{x}_s^{(2)})$ und für die Informationsmatrizen dann entsprechend

$$(n + s)\,\mathbf{M}(V_{n+s}) = n\mathbf{M}(V_n) + s\mathbf{M}(V_s). \tag{5.14}$$

Für eine Darstellung eines Versuchsplans durch (5.5) und (5.6) wird die Summe V_{n+s} der Pläne V_n und V_s wie folgt berechnet: Das Spektrum von V_{n+s} ist die Vereinigung der Spektren der Summanden, die Gewichte bestimmen sich als mit den Planumfängen n und s gewichtete Mittelwerte aus den Gewichten der Pläne V_n und V_s (vgl. Bandemer/Näther [1]).

Das zur Erläuterung von (5.13) betrachtete Beispiel kann für V_6 und V_9 leicht zur Bestätigung von (5.14) herangezogen werden.

Ist für einen festen Versuchsplan V_n die Zufallsgröße $Y(\mathbf{x})$ normalverteilt mit $EY(\mathbf{x}) = \tilde{\eta}(\mathbf{x}, \boldsymbol{\vartheta})$ und $D^2Y(\mathbf{x}) = \sigma^2$, dann ist auch die Schätzung $\hat{\boldsymbol{\Theta}}$ des Parametervektors $\boldsymbol{\vartheta}$ normalverteilt, da $\hat{\boldsymbol{\Theta}}$ eine lineare Schätzung ist [vgl. (1.26)]. Die Parameter dieser r-dimensionalen Normalverteilung sind $E\hat{\boldsymbol{\Theta}} = \boldsymbol{\vartheta}$ und $\mathbf{B}_{\hat{\boldsymbol{\Theta}}} = \sigma^2(\mathbf{F}^{\mathrm{T}}\mathbf{F})^{-1}$, die Dichtefunktion selbst hat die Gestalt

$$p(\hat{\boldsymbol{\vartheta}}) = (2\pi)^{-r/2}(\det\mathbf{B}_{\hat{\boldsymbol{\Theta}}})^{-1/2} \exp\left\{-\frac{1}{2}(\hat{\boldsymbol{\vartheta}} - \boldsymbol{\vartheta})^{\mathrm{T}}\mathbf{B}_{\hat{\boldsymbol{\Theta}}}^{-1}(\hat{\boldsymbol{\vartheta}} - \boldsymbol{\vartheta})\right\}. \tag{5.15}$$

Betrachten wir nun die Flächen zweiter Ordnung, die im Exponenten von (5.15) auftreten. Es sei

$$(\hat{\boldsymbol{\vartheta}} - \boldsymbol{\vartheta})^{\mathrm{T}}\mathbf{B}_{\hat{\boldsymbol{\Theta}}}^{-1}(\hat{\boldsymbol{\vartheta}} - \boldsymbol{\vartheta}) = c_0, \quad c_0 - \text{reelle Konst.}, \tag{5.16}$$

dann wird durch (5.16) ein Ellipsoid beschrieben, wovon wir uns leicht überzeugen können, wenn wir (5.16) durch eine Hauptachsentransformation auf die Normalform bringen (vgl. Bd. 13). Hat c_0 den Wert $r + 2$, dann sprechen wir von einem sogenannten Streuungsellipsoid. Im Fall des Ansatzes $\tilde{\eta}(x, \boldsymbol{\vartheta}) = \vartheta_0 + \vartheta_1 x$ hat (5.16) die spezielle Gestalt

$$(\hat{\vartheta}_0 - \vartheta_0,\ \hat{\vartheta}_1 - \vartheta_1)\begin{pmatrix} n & \sum\limits_{i=1}^{n} x_i \\ \sum\limits_{i=1}^{n} x_i & \sum\limits_{i=1}^{n} x_i^2 \end{pmatrix}\begin{pmatrix} \hat{\vartheta}_0 - \vartheta_0 \\ \hat{\vartheta}_1 - \vartheta_1 \end{pmatrix} = 4. \tag{5.17}$$

Für zwei vorgegebene Realisierungen $\hat{\vartheta}_0$ und $\hat{\vartheta}_1$ ergibt sich im R^2 z. B. die Ellipse in Abb. 5.1.

Bezeichnen wir die Elemente der Kovarianzmatrix $\mathbf{B}_{\hat{\boldsymbol{\Theta}}}$ mit

$$\mathbf{B}_{\hat{\boldsymbol{\Theta}}} = \begin{pmatrix} b_{11} & b_{12} \\ b_{12} & b_{22} \end{pmatrix},$$

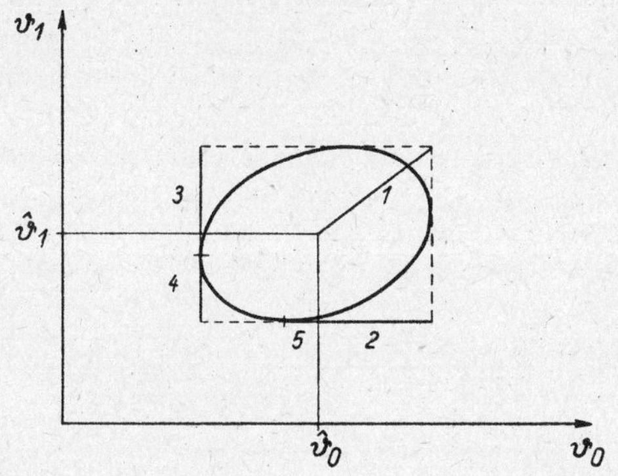

Bild 5.1

dann lassen sich die in Abbildung 5.1 durch Ziffern bezeichneten Strecken für jede Realisierung $\hat{\vartheta}$ durch Elemente von $\mathbf{B}_{\hat{\Theta}}$ ausdrücken. Es ist bis auf einen Faktor $\sqrt{c_0}$

Strecke 1: $\sqrt{Sp\,\mathbf{B}_{\hat{\Theta}}} = \sqrt{b_{11} + b_{22}}$,

Strecke 2: $\sqrt{b_{11}}$,

Strecke 3: $\sqrt{b_{22}}$,

Strecke 4: $b_{12}/\sqrt{b_{11}}$,

Strecke 5: $b_{12}/\sqrt{b_{22}}$.

Die Fläche der Ellipse ist bis auf c_0 durch $\sqrt{\det \mathbf{B}_{\hat{\Theta}}} = \sqrt{b_{11}b_{22} - b_{12}^2}$ gegeben. Die Interpretation gewisser Elemente der Kovarianzmatrix $\mathbf{B}_{\hat{\Theta}}$ im Zusammenhang mit dem Streuungsellipsoid wird uns später bei der geometrischen Deutung einiger Optimalitätskriterien nützlich sein.

Die Gewichte für die einzelnen Punkte des Spektrums waren bisher ganzzahlige Vielfache von $1/n$. Für eine bessere Behandlung der Versuchsplanungsproblematik und eine geschlossene Darstellung der Ergebnisse ist es sinnvoll, auf die konkrete Bedeutung der Gewichte als relative Häufigkeiten zu verzichten. Vielmehr wollen wir annehmen, daß die Gewichte p_l beliebige Werte aus $(0,1]$ sind. Wir erhalten damit einen neuen Ausdruck, den wir als *diskreten Versuchsplan* ξ bezeichnen wollen.

$$\xi = \begin{Bmatrix} \mathbf{x}_1, \ldots, \mathbf{x}_m \\ p_1, \ldots, p_m \end{Bmatrix} = \{\mathbf{x}_l, p_l\}_{l=1}^m, \quad \sum_{l=1}^m p_l = 1, p_l \in (0,1]. \tag{5.18}$$

Es ist ξ eine Gewichtsfunktion, die jedem Punkt $\mathbf{x}_l$ ($l = 1, \ldots, m$) des Spektrums $S(\xi)$ das Gewicht $\xi(\mathbf{x}_l) = p_l$ und jedem Punkt, der nicht zu $S(\xi)$ gehört, das Gewicht Null zuordnet. Die Klasse aller dieser Versuchspläne (5.18) ist umfassender, da jeder konkrete Versuchsplan V_n der Form (5.5) mit (5.6) ein Spezialfall von (5.18) ist.

Der diskrete Versuchsplan ξ ist nicht mehr vom Stichprobenumfang n abhängig, die Informationsmatrix $\mathbf{M}(\xi)$ können wir analog zu (5.13) ausdrücken durch

$$\mathbf{M}(\xi) = \sum_{l=1}^m p_l\, \mathbf{f}(\mathbf{x}_l)\, \mathbf{f}(\mathbf{x}_l)^{\mathrm{T}}.$$

Die Unabhängigkeit eines diskreten Versuchsplanes vom Stichprobenumfang n bringt gewisse Vorteile bei der Konstruktion optimaler Pläne (vgl. Kiefer [1]). Beschränken wir uns bei der Optimierung nur auf konkrete Pläne, dann haben wir sehr oft schwierige kombinatorische Probleme zu lösen.

Manchmal ist ein optimaler diskreter Versuchsplan für gewisse Stichprobenumfänge n bereits ein konkreter Plan. Stets läßt sich jedoch ein diskreter Plan als Näherung für einen konkreten Plan verwenden, wenn nur der Umfang n hinreichend groß ist. Falls aber die Aufwendungen für die einzelnen Versuche, also gewisse Versuchskosten bei der Realisierung eines Planes V_n, mit in Betracht gezogen werden müssen, wird häufig die Konstruktion von Versuchsplänen mit kleinem Umfang n von Interesse sein. Dann gibt ein diskreter Plan möglicherweise nur eine sehr grobe Näherung für einen konkreten Versuchsplan, wir werden also auch spezielle Konstruktionsverfahren für optimale konkrete Versuchspläne entwickeln müssen.

5.3. Optimalitätskriterien

Nach der Definition konkreter und diskreter Versuchspläne können wir uns nun der im Abschnitt 5.1. beschriebenen Aufgabe zuwenden. Die Lage der Versuchspunkte im Bereich V ist durch einen Versuchsplan V_n bzw. ξ gegeben. Ausgehend von der Schätzung nach der Methode der kleinsten Quadrate wollen wir durch eine geeignete Wahl der Versuchspunkte das Varianzverhalten der Schätzungen noch weiter günstig beeinflussen. Das Varianzverhalten der Schätzungen wird bei mehr als einem unbekannten Parameter im Ansatz durch die Kovarianzmatrix bzw. durch die Varianzfunktion charakterisiert. Wir werden deshalb verschiedene Möglichkeiten betrachten, ein Optimalitätskriterium zu definieren. Als besonders günstig hat es sich erwiesen, gewisse Funktionale der Kovarianzmatrix zu verwenden. Wegen (5.9) und (5.10) werden wir die Optimalitätskriterien gleich für die Informationsmatrix $\mathbf{M}(V_n)$ einführen. Die entsprechende Optimierung erstreckt sich dann bei vorgegebenem n über eine gegebene Menge $V^{(0)}$ von Plänen, meist über die Menge V^n aller konkreten Versuchspläne V_n, für die gilt

$$V^n = \{V_n | \mathbf{x}_j \in V, j = 1, \ldots, n; \det\mathbf{M}(V_n) \neq 0\}. \tag{5.19}$$

Die Wahl eines solchen Funktionals Z, das eine Abbildung von $\mathbf{M}(V_n)$ in den R^1 bewirkt (wir werden häufiger direkt $\mathbf{M}^{-1}(V_n)$ benutzen), soll die folgende Eigenschaft einer isotonen Abbildung besitzen. Wenn im Sinne der in Abschnitt 5.1. eingeführten Halbordnung positiv semidefiniter Matrizen

$$\mathbf{M}^{-1}(V_n^1) \geqq \mathbf{M}^{-1}(V_n^2) \tag{5.20}$$

gilt, dann soll auch die Beziehung

$$Z(\mathbf{M}^{-1}(V_n^1)) \geqq Z(\mathbf{M}^{-1}(V_n^2)) \tag{5.21}$$

gelten.

Wir wollen nun einige spezielle, praktisch wichtige Funktionale Z angeben und damit Optimalitätskriterien definieren.

Definition 5.1: *Ein konkreter Versuchsplan V_n^* heißt* **D-optimal,** *wenn gilt*

$$\det\mathbf{M}^{-1}(V_n^*) = \min_{V_n \in V^n} \det\mathbf{M}^{-1}(V_n). \tag{5.22}$$

Wegen (5.10) entspricht einer Minimierung von $\det \mathbf{M}^{-1}(V_n)$ eine Minimierung von $\det \mathbf{B}_{\hat{\Theta}}$ (bis auf einen konstanten Faktor). Die Elemente der Kovarianzmatrix $\mathbf{B}_{\hat{\Theta}}$ haben dabei bekanntlich die folgende Bedeutung

$$\mathbf{B}_{\hat{\Theta}} = ((b_{ij})) \text{ mit } b_{ij} = \begin{cases} D^2\hat{\Theta}_i, & i = j, \\ \operatorname{cov}(\hat{\Theta}_i, \hat{\Theta}_j), & i \neq j,\ i, j = 1, \ldots, r. \end{cases} \tag{5.23}$$

In $\det \mathbf{B}_{\hat{\Theta}}$ gehen also nicht nur die Varianzen von $\hat{\Theta}_i$, sondern auch die Kovarianzen von $\hat{\Theta}_i$ und $\hat{\Theta}_j$ $(i \neq j)$ ein, deshalb heißt $\det \mathbf{B}_{\hat{\Theta}}$ auch *verallgemeinerte Varianz*. Können wir für den Stichprobenvektor $\mathcal{Y}$ eine n-dimensionale Normalverteilung voraussetzen, dann wird durch einen D-optimalen Versuchsplan gerade das Volumen des Streuungsellipsoids für $\hat{\Theta}$ minimiert.

Beispiel 5.1: Als Ansatz für die Wirkungsfunktion $\eta(x)$ sei gegeben $\tilde{\eta}(x, \vartheta) = \vartheta_0 + \vartheta_1 x$. Führen wir n Versuche an den Punkten $x_1, \ldots, x_n$ durch, erhalten wir mit $\mathbf{f}(x)^\top = (1, x)$ die Matrizen

$$\mathbf{F}^\top\mathbf{F} = \begin{pmatrix} n & n\bar{x} \\ n\bar{x} & \sum_{i=1}^{n} x_i^2 \end{pmatrix} \text{ und } (\mathbf{F}^\top\mathbf{F})^{-1} = \frac{1}{n\sum_{i=1}^{n} x_i^2 - (n\bar{x})^2} \begin{pmatrix} \sum_{i=1}^{n} x_i^2 & -n\bar{x} \\ -n\bar{x} & n \end{pmatrix}.$$

Wegen $(\mathbf{F}^\top\mathbf{F})(\mathbf{F}^\top\mathbf{F})^{-1} = \mathbf{E}_n$ ist $\det(\mathbf{F}^\top\mathbf{F})^{-1} = 1/\det \mathbf{F}^\top\mathbf{F}$ und eine Minimierung von $\det(\mathbf{F}^\top\mathbf{F})^{-1}$ gleichbedeutend mit einer Maximierung von $\det \mathbf{F}^\top\mathbf{F}$. Wählen wir $V = [-1,1]$, dann ist also

$$n\sum_{i=1}^{n} x_i^2 - n^2\bar{x}^2 = n\sum_{i=1}^{n} (x_i - \bar{x})^2$$

über V^n zu maximieren. Für $n = 2$ wird

$$2\left(\left(x_1 - \frac{x_1 + x_2}{2}\right)^2 + \left(x_2 - \frac{x_1 + x_2}{2}\right)^2\right) = 2(x_1^2 + x_2^2 - x_1(x_1 + x_2)$$

$$- x_2(x_1 + x_2) + (x_1 + x_2)^2/4 + (x_1 + x_2)^2/4) = (x_1 - x_2)^2$$

maximal über V, wenn $x_1 = -1$ und $x_2 = +1$ gewählt wird. Ein D-optimaler Versuchsplan V_2 besteht also aus je einem Versuch bei -1 und einem Versuch bei $+1$. Für andere Umfänge n geben wir diesen D-optimalen Plan im Abschnitt 5.4 an.

Es sei Sp der Spuroperator, d. h. $\operatorname{Sp}\mathbf{A} = \sum_{i=1}^{n} a_{ii}$.

Definition 5.2: *Ein konkreter Versuchsplan* V_n^* heißt **A-optimal,** *wenn gilt*

$$\operatorname{Sp}\mathbf{M}^{-1}(V_n^*) = \min_{V_n \in V^n} \operatorname{Sp}\mathbf{M}^{-1}(V_n). \tag{5.24}$$

Wegen (5.10) wird durch einen optimalen Plan V_n^*, der (5.24) erfüllt, die Spur der Kovarianzmatrix $\mathbf{B}_{\hat{\Theta}}$ minimiert. Aus (5.23) sehen wir aber, daß $\operatorname{Sp}\mathbf{B}_{\hat{\Theta}} = \sum_{i=1}^{n} D^2\hat{\Theta}_i$ gilt, eine Minimierung von $\operatorname{Sp}\mathbf{B}_{\hat{\Theta}}$ also gleichbedeutend ist mit einer Minimierung der Summe der Varianzen der einzelnen Parameterschätzungen (das ist bis auf einen konstanten Faktor die mittlere Varianz). Genügt der Beobachtungsvektor $\mathcal{Y}$ einer n-dimensionalen Normalverteilung, dann wird durch V_n^* gemäß (5.24) die mittlere Halbachsenlänge des Streuungsellipsoides minimiert (vgl. Bild 5.1).

Es sei $\lambda_{\max}(\mathbf{M}^{-1}(V_n))$ der größte Eigenwert der Matrix $\mathbf{M}^{-1}(V_n)$.

Definition 5.3: *Ein konkreter Versuchsplan V_n^* heißt* **E-optimal,** *wenn gilt*

$$\lambda_{\max}(\mathbf{M}^{-1}(V_n^*)) = \min_{V_n \in V^n} \lambda_{\max}(\mathbf{M}^{-1}(V_n)). \tag{5.25}$$

Wegen (5.10) wird durch V_n^* gemäß (5.25) der größte Eigenwert der Kovarianzmatrix $\mathbf{B}_{\hat{\boldsymbol{\Theta}}}$ minimiert. Dieser größte Eigenwert $\lambda_{\max}(\mathbf{B}_{\hat{\boldsymbol{\Theta}}})$ ist eine obere Schranke für die größte Varianz einer Parameterschätzung $\hat{\Theta}_i$, also wird durch V_n^* eine obere Schranke für die größte Varianz $D^2\hat{\Theta}_i$ minimiert. Bei n-dimensional normalverteiltem Beobachtungsvektor $\mathcal{Y}$ entspricht das gerade der Minimierung der größten Halbachse des Streuungsellipsoides.

Definition 5.4: *Ein konkreter Versuchsplan V_n^* heißt* **C-optimal bezüglich c,** *wenn für einen vorgegebenen Vektor* $\mathbf{c} = (c_1, \ldots, c_r)^{\mathrm{T}}$ gilt

$$\mathbf{c}^{\mathrm{T}}\mathbf{M}^{-1}(V_n^*)\,\mathbf{c} = \min_{V_n \in V^n} \mathbf{c}^{\mathrm{T}}\mathbf{M}^{-1}(V_n)\,\mathbf{c}. \tag{5.26}$$

Ist eine Linearkombination $\sum_{i=1}^{r} c_i\vartheta_i = \mathbf{c}^{\mathrm{T}}\boldsymbol{\vartheta}$ der Parameter ϑ_i $(i = 1, \ldots, r)$ von Interesse, dann ergibt sich durch $\mathbf{c}^{\mathrm{T}}\hat{\boldsymbol{\Theta}}$ eine Schätzung dieser Linearkombination. Die Varianz für $\mathbf{c}^{\mathrm{T}}\hat{\boldsymbol{\Theta}}$ ist mit (5.10) gegeben durch

$$D^2(\mathbf{c}^{\mathrm{T}}\hat{\boldsymbol{\Theta}}) = \mathbf{c}^{\mathrm{T}}\mathbf{B}_{\hat{\boldsymbol{\Theta}}}\mathbf{c} = \frac{\sigma^2}{n}\,\mathbf{c}^{\mathrm{T}}\mathbf{M}^{-1}(V_n)\mathbf{c}. \tag{5.27}$$

Also wird durch einen Versuchsplan V_n^*, der (5.26) erfüllt, die Varianz der Schätzung einer Linearkombination der Parameter minimiert. Wählen wir für $\mathbf{c}$ speziell $\mathbf{c} = (1, 0, \ldots, 0)^{\mathrm{T}}$, dann geht (5.26) über in

$$m^{(11)}(V_n^*) = \min_{V_n \in V^n} m^{(11)}(V_n), \tag{5.28}$$

wobei $m^{(11)}(V_n)$ das Element der ersten Zeile und ersten Spalte von $\mathbf{M}^{-1}(V_n)$ ist. Wegen (5.10) und (5.23) ist (5.28) gleichbedeutend (bis auf einen hier nicht interessierenden konstanten Faktor) mit

$$D^2\hat{\Theta}_1(V_n^*) = \min_{V_n \in V^n} D^2\hat{\Theta}_1(V_n). \tag{5.29}$$

Durch eine spezielle Wahl des Vektors $\mathbf{c}$ lassen sich also gewünschte Linearkombinationen der Parameterschätzungen bezüglich ihrer Varianz minimieren.

Die durch die Definitionen 5.1–5.4 gegebenen Optimalitätskriterien beziehen sich alle auf eine Schätzung des Parametervektors $\boldsymbol{\vartheta}$. Vielfach sind aber Aussagen über die Wirkungsfläche $\eta(\mathbf{x})$ selbst notwendig, dazu soll die Schätzung $\hat{\eta}(\mathbf{x}, \hat{\boldsymbol{\Theta}})$ über dem Prognosebereich H bezüglich der Varianzfunktion (5.11) durch die Wahl eines Versuchsplanes beeinflußt werden. Auf diese Weise gelangen wir zu den folgenden beiden Optimalitätskriterien.

Definition 5.5: *Ein konkreter Versuchsplan V_n^* heißt* **G-optimal,** *wenn gilt*

$$\max_{\mathbf{x} \in H} \mathbf{f}^{\mathrm{T}}(\mathbf{x})\mathbf{M}^{-1}(V_n^*)\mathbf{f}(\mathbf{x}) = \min_{V_n \in V^n} \max_{\mathbf{x} \in H} \mathbf{f}(\mathbf{x})^{\mathrm{T}}\mathbf{M}^{-1}(V_n)\,\mathbf{f}(\mathbf{x}). \tag{5.30}$$

Durch V_n^* wird hierbei der über H maximale Wert der Varianzfunktion $D^2\hat{Y}(\mathbf{x})$ minimiert.

Beispiel 5.2: Für einen Ansatz $\tilde{\eta}(x, \vartheta) = \vartheta_0 + \vartheta_1 x$ ist die Matrix

$$\mathbf{B}_{\widehat{\Theta}} = \frac{\sigma^2}{n \sum_{i=1}^{n} x_i^2 - n^2\bar{x}^2} \begin{pmatrix} \sum_{i=1}^{n} x_i^2 & -n\bar{x} \\ -n\bar{x} & n \end{pmatrix}$$

[vgl. auch (1.35)] Kovarianzmatrix des Schätzvektors $\widehat{\Theta}$. Mit $\mathbf{f}^{\mathsf{T}}(x) = (1, x)$ erhalten wir für die Varianzfunktion

$$D^2\widehat{Y}(x) = \frac{\sigma^2}{n \sum_{i=1}^{n} x_i^2 - n^2\bar{x}^2} \left(\sum_{i=1}^{n} x_i^2 - 2n\bar{x}x + nx^2 \right). \tag{5.31}$$

Der Prognosebereich sei $H = [-1, 1]$, dann ermitteln wir max $D^2\widehat{Y}(x)$ durch eine Untersuchung der Parabel $nx^2 - 2n\bar{x}x + \sum_{i=1}^{n} x_i^2 = c$. Der Abszissenwert des Scheitelpunktes dieser Parabel liegt bei $x_0 = \bar{x}$, das Maximum der Parabel wird über H in den Randpunkten von H angenommen. Es ist

$$\max_{x \in H} D^2\widehat{Y}(x) = \begin{cases} D^2\widehat{Y}(-1), & \text{wenn } \bar{x} > 0, \\ D^2\widehat{Y}(1), & \text{wenn } \bar{x} < 0, \\ D^2\widehat{Y}(-1) = D^2Y(1), & \text{wenn } \bar{x} = 0. \end{cases} \tag{5.32}$$

Für $\bar{x} = 0$ ist wegen (5.30) somit der Ausdruck

$$D^2\hat{Y}(1) = \frac{\sigma^2}{n \sum_{i=1}^{n} x_i^2} \left(n + \sum_{i=1}^{n} x_i^2 \right) = \sigma^2 \left(\frac{1}{\sum_{i=1}^{n} x_i^2} + \frac{1}{n} \right) \tag{5.33}$$

über der Menge V^n der konkreten Versuchspläne zu minimieren.

Definition 5.6: *Ein konkreter Versuchsplan* V_n^* *heißt* **I-optimal bezüglich** $p(\mathbf{x})$, *wenn für eine bekannte, vorgegebene Gewichtsfunktion* $p(\mathbf{x})$ *mit* $\int_H p(\mathbf{x})\, d\mathbf{x} = 1$ *gilt*

$$\int_H \mathbf{f}(\mathbf{x})^{\mathsf{T}} \mathbf{M}^{-1}(V_n^*)\, \mathbf{f}(\mathbf{x})\, p(\mathbf{x})\, d\mathbf{x} = \min_{V_n \in V^n} \int_H \mathbf{f}(\mathbf{x})^{\mathsf{T}} \mathbf{M}^{-1}(V_n)\, \mathbf{f}(\mathbf{x})\, p(\mathbf{x})\, d\mathbf{x}. \tag{5.34}$$

Mit anderen Worten wird durch einen I-optimalen Versuchsplan die mit $p(\mathbf{x})$ gewichtete Varianz der Schätzung $\hat{Y}(\mathbf{x})$ für die Wirkungsfläche $\eta(\mathbf{x})$ über einem Prognosebereich H minimiert.

Einige andere Optimalitätskriterien für die Schätzung von ϑ und von $\eta(\mathbf{x})$ finden wir z. B. in Bandemer/Bellmann/Jung/Richter [1]. Viele Optimalitätskriterien lassen sich bezüglich ihrer Eigenschaften zusammenfassen, wenn wir direkt ein Funktional Z mit der Eigenschaft (5.20) und (5.21) betrachten. Ist dieses Funktional linear, dann können wir allgemeine Aussagen über solche Optimalitätskriterien erhalten (vgl. dazu z. B. Fedorov [1]).

Die Matrix $\mathbf{M}(V_n)$, die in den Optimalitätskriterien auftritt, wird mit den Funktionen $f_i(\mathbf{x})$ $(i = 1, \ldots, r)$ des Ansatzes $\tilde{\eta}(\mathbf{x}, \vartheta)$ gebildet. Folglich ist ein mit $\mathbf{M}(V_n)$ erhaltener optimaler Versuchsplan V_n^* in der Regel auch nur für den gegebenen Ansatz optimal. Für einen festen Ansatz und für einen festen Stichprobenumfang n sind die optimalen Versuchspläne für ein bestimmtes Optimalitätskriterium nicht eindeutig bestimmt. Dabei sollen Versuchspläne, die sich nur in der Reihenfolge ihrer Punkte unterscheiden, als gleich angesehen werden. Um aus der Menge der optimalen Versuchspläne, die alle den gleichen minimalen Funktionalwert der Informationsmatrix besitzen, einen auszuwählen, können wir ein weiteres Kriterium, z. B. die Versuchskosten, heranziehen. Bei den beschriebenen Optimierungsaufgaben wurde der Umfang der Versuchspläne stets festgehalten, es ist aber offensichtlich, daß wir für verschiedene n auch im allgemeinen verschiedene Versuchspläne zu erwarten haben.

Wollen wir nun Optimalitätskriterien zur Auswahl eines optimalen diskreten Versuchsplanes ξ^* konstruieren, dann können wir völlig analog vorgehen. Dabei hängt die Informationsmatrix nun vom diskreten Plan ab, sie hat also die Gestalt (5.18). Die Optimierung ist folglich über eine Menge $\Xi^{(0)}$ der diskreten Pläne, meist über

$$\Xi = \{\xi|\xi = \{\mathbf{x}_l, p_l\}_{l=1}^m, \sum_{l=1}^m p_l = 1, p_l \in (0,1], \det\mathbf{M}(\xi) \neq 0\} \tag{5.35}$$

zu erstrecken. Wir wollen dann einen diskreten Versuchsplan ξ^* **D-optimal** nennen, wenn gilt

$$\det\mathbf{M}^{-1}(\xi^*) = \min_{\xi\in\Xi} \det\mathbf{M}^{-1}(\xi). \tag{5.36}$$

In der gleichen Weise lassen sich alle hier definierten Optimalitätskriterien für diskrete Versuchspläne formulieren.

5.4. G- und D-optimale Versuchspläne

In diesem Abschnitt werden wir uns mit der Konstruktion von D- und G-optimalen Versuchsplänen beschäftigen. Dabei werden die diskreten Versuchspläne ξ im Vordergrund stehen, da dafür bereits eine Reihe von Resultaten erzielt worden ist. Wesentliche Grundlage für die weiteren Betrachtungen ist ein von Kiefer und Wolfowitz [1] formulierter Äquivalenzsatz. Es seien $\tilde{\eta}(\mathbf{x}, \boldsymbol{\vartheta})$ ein Ansatz der Form $\tilde{\eta}(\mathbf{x}, \boldsymbol{\vartheta}) = \vartheta_1 f_1(\mathbf{x}) + \cdots + \vartheta_r f_r(\mathbf{x}) = \mathbf{f}(\mathbf{x})^{\mathrm{T}}\boldsymbol{\vartheta}$, der Versuchsbereich V eine abgeschlossene und beschränkte Teilmenge des R^k und $V = H$. Die Beobachtungen $Y(\mathbf{x})$ mögen den Erwartungswert $\tilde{\eta}(\mathbf{x}, \boldsymbol{\vartheta})$ besitzen, wobei dieser Ansatz wahr sei [vgl. (1.12)]. Die Kovarianzmatrix des Beobachtungsvektors sei $\mathbf{B}_{\mathscr{Y}} = \sigma^2\mathbf{E}_n$. Dann gilt

Satz 5.1:

1. *Die folgenden drei Aussagen sind äquivalent:*
   a) ξ^* *maximiert* $\det\mathbf{M}(\xi)$ *über* Ξ.
   b) ξ^* *minimiert* $\max_{\mathbf{x}\in H} \mathbf{f}(\mathbf{x})^{\mathrm{T}}\mathbf{M}^{-1}(\xi)\,\mathbf{f}(\mathbf{x})$ über Ξ.
   c) $\max_{\mathbf{x}\in H} \mathbf{f}(\mathbf{x})^{\mathrm{T}}\mathbf{M}^{-1}(\xi^*)\,\mathbf{f}(\mathbf{x}) = r$.
2. *Die Menge aller derjenigen Pläne ξ^*, die diese Aussagen erfüllen, ist konvex und abgeschlossen, und* $\mathbf{M}(\xi^*)$ *ist dasselbe für alle ξ^* aus dieser Menge.*

Dieser wichtige Satz besagt also, daß ein diskreter Versuchsplan ξ^* genau dann D-optimal ist (vgl. 1.a), wenn er G-optimal ist (vgl. 1.b). Dabei läßt sich der optimale Wert des Funktionals durch die Anzahl der Parameter des Ansatzes ausdrücken (vgl. 1.c). Diese Bedingung ist notwendig und hinreichend dafür, daß ein diskreter G-optimaler Plan ξ^* auch D-optimal ist.

Durch ein entsprechendes Beispiel können wir uns jedoch davon überzeugen, daß dieser Äquivalenzsatz nicht für die Klasse der konkreten Versuchspläne V_n gilt. Für den Ansatz $\tilde{\eta}(x, \boldsymbol{\vartheta}) = \vartheta_0 + \vartheta_1 x$ und den Versuchsbereich $V = H = [-1, 1]$ ist der Plan

$$V_3^* = \{-1, +1, +1\} \tag{5.37}$$

ein konkreter D-optimaler Versuchsplan, er ist jedoch nicht G-optimal, denn im Sinne der G-Optimalität ist der Plan

$$V_3^{*\prime} = \{-1, 0, +1\} \tag{5.38}$$

besser; dieser ist G-optimal. Auch die Aussage 1.c des Satzes 5.1 braucht für konkrete G-optimale Versuchspläne nicht erfüllt zu sein. So ist z. B. für den Ansatz $\tilde{\eta}(x, \boldsymbol{\vartheta}) = \vartheta_0 + \vartheta_1 x$ mit einem G-optimalen Plan und mit $V = H = [-1, 1]$

1. bei geradem n: $\max\limits_{x \in H} \mathbf{f}(x)^{\mathrm{T}} \mathbf{M}^{-1}(V_n^*) \, \mathbf{f}(x) = 2$ und
2. bei ungeradem n: $\max\limits_{x \in H} \mathbf{f}(x)^{\mathrm{T}} \mathbf{M}^{-1}(V_n^*) \, \mathbf{f}(x) = 2 + 1/(n - 1)$.

Wir wollen nun den Äquivalenzsatz 5.1 zur Konstruktion optimaler Pläne heranziehen (vgl. auch Abschnitt 5.6.). In manchen Fällen können wir direkt aus der Aussage 1.c des Satzes 5.1 auf die Informationsmatrix eines diskreten G-optimalen Planes schließen. Es sei

$$\tilde{\eta}(\mathbf{x}, \boldsymbol{\vartheta}) = \vartheta_0 + \vartheta_1 x_1 + \cdots + \vartheta_r x_r \tag{5.39}$$

ein wahrer Ansatz für die Wirkungsfunktion im Versuchsbereich

$$V = H = \{x_i \mid -1 \leqq x_i \leqq 1, i = 1, \ldots, r\}. \tag{5.40}$$

Wegen $\mathbf{f}(\mathbf{x})^{\mathrm{T}} = (1, x_1, \ldots, x_r)$ ergibt sich sofort

$$\max_{\mathbf{x} \in H} \mathbf{f}(\mathbf{x})^{\mathrm{T}} \mathbf{f}(\mathbf{x}) = \max_{\mathbf{x} \in H} (1 + x_1^2 + \cdots + x_r^2) = r + 1. \tag{5.41}$$

Wenn wir nun $\mathbf{M}^{-1}(\xi) = \mathbf{E}_{r+1}$ setzen dürfen, dann ist (5.41) identisch mit

$$\max_{\mathbf{x} \in H} \mathbf{f}(\mathbf{x})^{\mathrm{T}} \mathbf{M}^{-1}(\xi) \, \mathbf{f}(\mathbf{x}) = r + 1,$$

und die Bedingung 1.c wäre erfüllt, d. h., ein diskreter Versuchsplan ξ^* mit $\mathbf{M}^{-1}(\xi^*) = \mathbf{E}_{r+1}$ ist G-optimal. Es läßt sich zeigen, daß es zu jedem Wert $r + 1$ eine Matrix $\mathbf{F}$ so gibt, daß

$$\frac{1}{n} \mathbf{F}^{\mathrm{T}} \mathbf{F} = \mathbf{M}(\xi) = \mathbf{E}_{r+1} \tag{5.42}$$

gilt. Wenn wir eine Matrix $\mathbf{F}$ so konstruieren, daß (5.42) erfüllt ist, dann haben wir für den Ansatz (5.39) und den Versuchsbereich (5.40) einen G- (und D-) optimalen diskreten Plan gefunden. Die Konstruktion einer Matrix, die die Bedingung (5.42) erfüllt, ist nicht schwierig. So gibt es z. B. Matrizen $\mathbf{H}_n$, die nur aus den Elementen -1 und $+1$ bestehen und für die $\mathbf{H}_n \mathbf{H}_n^{\mathrm{T}}/n = \mathbf{E}_n$ gilt. Diese Matrizen $\mathbf{H}_n$ heißen Hadamard-Matrizen, sie lassen sich für jedes durch 4 teilbare n mit $r + 1 \leqq n \leqq 200$ konstruieren. Solche Matrizen $\mathbf{H}_n$ bzw. Teile solcher Matrizen werden nun als Matrix $\mathbf{F}$ verwendet, damit haben wir diskrete G-optimale Pläne ξ^* gefunden, die für ein jeweils entsprechendes n zugleich konkrete Versuchspläne V_n darstellen. Solche Versuchspläne, die nur aus den Elementen -1 und $+1$ bestehen, traten auch schon im Kapitel 4 auf und wurden dort als Faktorpläne bezeichnet. Es läßt sich auf diese Weise für Faktorpläne eine Beziehung zu G-optimalen Versuchsplänen herstellen.

Wir wollen jedoch für einen Ansatz der Form (5.39) einige Hadamard-Matrizen angeben für die Schätzung der Parameter ϑ_i, $i = 1, \ldots, r$, im Versuchsbereich (5.40). Für $n = 2, 4, 8, 12$ erhalten wir, bezeichnen wir -1 mit $-$ und $+1$ mit $+$, die Versuchspläne

$$\begin{pmatrix} + & + \\ + & - \end{pmatrix} \qquad \begin{pmatrix} + & + & + & + \\ + & + & - & - \\ + & - & + & - \\ + & - & - & + \end{pmatrix}$$

$$\begin{bmatrix} + & + & + & + & + & + & + & + \\ + & + & + & + & - & - & - & - \\ + & + & - & - & + & + & - & - \\ + & + & - & - & - & - & + & + \\ + & - & + & - & + & - & + & - \\ + & - & + & - & - & + & - & + \\ + & - & - & + & + & - & - & + \\ + & - & - & + & - & + & + & - \end{bmatrix} \qquad \begin{bmatrix} + & + & + & + & + & + & + & + & + & + & + & + \\ + & - & + & - & + & + & + & - & - & - & + & - \\ + & - & - & + & - & + & + & + & - & - & - & + \\ + & + & - & - & + & - & + & + & + & - & - & - \\ + & - & + & - & - & + & - & + & + & + & - & - \\ + & - & - & + & - & - & + & - & + & + & + & - \\ + & - & - & - & + & - & - & + & - & + & + & + \\ + & + & - & - & - & + & - & - & + & - & + & + \\ + & + & + & - & - & - & + & - & - & + & - & + \\ + & + & + & + & - & - & - & + & - & - & + & - \\ + & - & + & + & + & - & - & - & + & - & - & + \\ + & + & - & + & + & + & - & - & - & + & - & - \end{bmatrix}$$

Die mit diesen Hadamard-Matrizen gebildeten Versuchspläne sind auch D-, A- und E-optimal. Wir geben nun ein Beispiel zur Anwendung dieser Hadamard-Matrizen als Versuchspläne.

Es sei $\tilde{\eta}(\mathbf{x}, \boldsymbol{\vartheta}) = \vartheta_0 + \vartheta_1 x_1 + \vartheta_2 x_2$ ein Ansatz für $\eta(\mathbf{x})$, weiterhin sei $V = H = [-1, 1]$ und die Anzahl der Versuche $n = 4$. Wegen $r + 1 = 3$ wählen wir den Plan für $n = 4$ aus und streichen eine Spalte. Die erste Spalte muß erhalten bleiben, da unser Ansatz $\tilde{\eta}(\mathbf{x}, \boldsymbol{\vartheta})$ ein Absolutglied besitzt. Streichen wir also o.B.d.A. die letzte Spalte, dann ist

$$\mathbf{F} = \begin{pmatrix} + & + & + \\ + & + & - \\ + & - & + \\ + & - & - \end{pmatrix}, \tag{5.43}$$

d. h., ein konkreter G-optimaler Versuchsplan vom Umfang $n = 4$ erfordert je einen Versuch in den Punkten

$$\mathbf{x}_1 = (1, 1), \quad \mathbf{x}_2 = (1, -1), \quad \mathbf{x}_3 = (-1, 1), \quad \mathbf{x}_4 = (-1, -1).$$

Der Versuchsplan V_n, der durch (5.43) gegeben ist, ist auch gleichzeitig ein vollständiger faktorieller Versuchsplan (VFV) vom Typ 2^2 (vgl. Tab. 4.1).

Das Kriterium der G-Optimalität können wir besonders dann mit Erfolg anwenden, wenn es nicht so sehr auf die Genauigkeit der Schätzungen für die einzelnen Parameter ankommt, sondern vor allem darauf, daß die geschätzten Funktionswerte $\hat{Y}(\mathbf{x})$

für alle $\mathbf{x} \in H$ möglichst genau sind. Diese Genauigkeit erhalten wir ebenfalls aus dem Äquivalenzsatz 5.1. Es ist mit (5.11)

$$\max_{\mathbf{x}\in H} D^2 \hat{Y}(\mathbf{x}) = \max_{\mathbf{x}\in H} \frac{\sigma^2}{n} \mathbf{f}(\mathbf{x})^{\mathsf{T}} \mathbf{M}^{-1}(\xi^*)\, \mathbf{f}(\mathbf{x}),$$

und wegen 1.c (vgl. Satz 5.1) gilt

$$\max_{\mathbf{x}\in H} D^2 \hat{Y}(\mathbf{x}) = \frac{\sigma^2}{n} r. \tag{5.44}$$

Diese Schranke kann in verschiedenen Fällen auch durch einen konkreten G-optimalen Plan erreicht werden. Ist für eine praktische Problemstellung eine zu erreichende Mindestgenauigkeit $c\sigma^2$ vorgegeben, dann ergibt sich aus (5.44) ein Näherungswert $n = r/c$ für den notwendigen Stichprobenumfang.

Der Äquivalenzsatz von Kiefer und Wolfowitz läßt sich auch noch auf andere Optimalitätskriterien übertragen (vgl. Fedorov [2], Kiefer [2]).

Ein diskreter G-optimaler Versuchsplan ξ^* mit $\mathbf{M}(\xi^*) = \mathbf{E}_{r+1}$ ist bei Verwendung des Ansatzes (5.39) auch D-, A- und E-optimal, so eine Übereinstimmung optimaler Versuchspläne tritt aber nur in wenigen Spezialfällen auf.

Wir wollen nun einige bekannte optimale Versuchspläne zusammenstellen.

1. Ansatz $\tilde{\eta}(x, \vartheta) = \vartheta_0 + \vartheta_1 x$, Versuchsbereich $V = H = [-1, 1]$. Ein diskreter G-, D-, A- und E-optimaler Versuchsplan ist gegeben durch

$$\xi^* = \begin{Bmatrix} -1 & 1 \\ 1/2 & 1/2 \end{Bmatrix}. \tag{5.45}$$

Dieser Versuchsplan ist auch C-optimal für $\mathbf{c}^{\mathsf{T}} = (0,1)$ und I-optimal für $p(x) = \text{const}$.
Ein konkreter G-optimaler Plan vom Umfang n ist
1. falls n gerade

$$V_n^* = \begin{Bmatrix} -1 & 1 \\ n/2 & n/2 \end{Bmatrix}, \tag{5.46}$$

2. falls n ungerade

$$V_n^* = \begin{Bmatrix} -1 & 0 & 1 \\ (n-1)/2 & 1 & (n-1)/2 \end{Bmatrix}. \tag{5.47}$$

Ist nun $V \neq H$ und $H = \{x_*\}$ ein Prognosepunkt, d. h., ist der Funktionswert von $\hat{Y}(x)$ an der Stelle $x = x_*$ optimal vorherzusagen, dann ist für $x_* > 1$ ein diskreter G-optimaler Plan gegeben durch

$$\xi^* = \begin{Bmatrix} -1 & 1 \\ \dfrac{x_* - 1}{2x_*} & \dfrac{x_* + 1}{2x_*} \end{Bmatrix}. \tag{5.48}$$

2. Ansatz $\tilde{\eta}(x, \vartheta) = \vartheta_0 + \vartheta_1 x + \vartheta_2 x^2$, Versuchsbereich $V = H = [-1, 1]$.
Ein diskreter A-optimaler Versuchsplan hat die Form

$$\xi^* = \begin{Bmatrix} -1 & 0 & 1 \\ 1/4 & 1/2 & 1/4 \end{Bmatrix}. \tag{5.49}$$

Dieser Plan ist auch I-optimal bezüglich $p(x) = \text{const}$ und C-optimal bezüglich $\mathbf{c}^{\mathsf{T}} = (0, 0, 1)$.

Ein diskreter G- und D-optimaler Versuchsplan ist

$$\xi^* = \begin{Bmatrix} -1 & 0 & 1 \\ 1/3 & 1/3 & 1/3 \end{Bmatrix}. \tag{5.50}$$

Für $V \neq H$ und $H = \{x_*\}$ mit $x_* > 1$ erhalten wir zur optimalen Vorhersage den Plan

$$\xi^* = \begin{Bmatrix} -1 & 0 & 1 \\ \dfrac{x_*^2 - x_*}{4x_*^2 - 2} & \dfrac{2x_*^2 - 2}{4x_*^2 - 2} & \dfrac{x_*^2 + x_*}{4x_*^2 - 2} \end{Bmatrix}. \tag{5.51}$$

3. Ansatz $\tilde{\eta}(x, \vartheta) = \vartheta_0 + \vartheta_1 x + \vartheta_2 x^2 + \cdots + \vartheta_r x^r$, Versuchsbereich $V = H = [-1,1]$.
Ein diskreter G- und D-optimaler Versuchsplan gibt den $r + 1$ Punkten des Spektrums $S(\xi^*)$ das Gewicht $1/(r + 1)$

$r = 1: \pm 1{,}0000$

$r = 2: \pm 1{,}0000 \quad 0{,}0000$

$r = 3: \pm 1{,}0000 \quad \pm 0{,}4472$

$r = 4: \pm 1{,}0000 \quad \pm 0{,}6547 \quad 0{,}0000$

$r = 5: \pm 1{,}0000 \quad \pm 0{,}7651 \quad \pm 0{,}2852$

$r = 6: \pm 1{,}0000 \quad \pm 0{,}8302 \quad \pm 0{,}4689 \quad 0{,}0000.$

Allgemein können wir feststellen, daß die Punkte des Spektrums eines diskreten G-optimalen Planes gerade die Nullstellen $\mathring{x}_0, \ldots, \mathring{x}_r$ von $(1 - x^2)L_r'(x)$ sind, wobei $L_r'(x)$ die Ableitung des r-ten Legendreschen Polynoms ist. Für $r = 2, \ldots, 10$ finden wir diese optimalen Versuchspläne zusammen mit den daraus berechneten Matrizen zur Parameterschätzung vertafelt in Brodskij/Brodskij/Golikova/Nikitina/Pančenko [1].
Ein I-optimaler Versuchsplan bezüglich $p(x) = \text{const}$ ist gegeben durch

$$\xi^* = \left\{ \mathring{x}_i, \frac{|L_r^{-1}(x_i)|}{\sum\limits_{j=0}^{k} |L_r^{-1}(x_j)|} \right\}_{i=0}^{r}, \tag{5.52}$$

wobei $\mathring{x}_i$ $(i = 0, \ldots, r)$ die Punkte des Spektrums $S(\xi^*)$ eines G-optimalen Planes sind.
Ein diskreter C-optimaler Plan bezüglich $\mathbf{c}^\mathrm{T} = (0, \ldots, 0,1)$ ist

$$\xi^* = \begin{Bmatrix} -1, & x_j = \cos(j\pi/r), & 1 \\ & j = 1, \ldots, r-1, & \\ 1/2r, & 1/r, & 1/2r \end{Bmatrix}. \tag{5.53}$$

Für einen Prognosepunkt $x_* > 1$, also für $V \neq H$ und $H = \{x_*\}$ ist ein diskreter G-optimaler Plan

$$\xi^* = \left\{ x_j = -\cos(j\pi/r), p_j \right\}_{j=0}^{r} \tag{5.54}$$

mit

$$p_j = \frac{|U_j(x_*)|}{\sum\limits_{j=0}^{r} |U_j(x_*)|} \tag{5.55}$$

und

$$U_j(x) = \frac{(x - x_0) \cdots (x - x_{j-1})(x - x_{j+1}) \cdots (x - x_r)}{(x_j - x_0) \cdots (x_j - x_{j-1})(x_j - x_{j+1}) \cdots (x_j - x_r)}. \tag{5.56}$$

Weitere optimale Versuchspläne finden wir z. B. in Bandemer/Bellmann/Jung/Richter [1].

Wir haben bisher als Versuchsbereich stets das Intervall $[-1,1]$ gewählt. In praktischen Anwendungsproblemen haben wir es aber sehr oft mit anderen Versuchsbereichen zu tun. Von großer Bedeutung ist deshalb die Frage, ob sich die für einen Versuchsbereich $V^{(1)} = \{x_i \mid -1 \leqq x_i \leqq 1, i = 1, \dots, k\}$ konstruierten optimalen Versuchspläne auch dann noch als optimale Pläne erweisen, wenn wir zu einem Versuchsbereich $V^{(2)} = \{z_i \mid a_i \leqq z_i \leqq b_i, i = 1, \dots, k\}$ übergehen.

Im Versuchsbereich $V^{(1)}$ sei der Ansatz $\tilde{\eta}(\mathbf{x}, \boldsymbol{\vartheta}) = \mathbf{f}(\mathbf{x})^\top \boldsymbol{\vartheta}$ gegeben und $\xi^* = \{\mathbf{x}_l, p_l\}_{l=1}^m$ ein bekannter optimaler Versuchsplan. Weiterhin sei im Versuchsbereich $V^{(2)}$ der Ansatz $\tilde{\eta}(\mathbf{z}, \boldsymbol{\vartheta}) = \mathbf{f}(\mathbf{z})^\top \boldsymbol{\vartheta}$ gegeben, und es wird ein optimaler Versuchsplan gesucht. Es existiere zwischen den Versuchsbereichen $V^{(1)}$ und $V^{(2)}$ eine affine Abbildung $\mathbf{z} = \mathbf{g}(\mathbf{x})$ so, daß es zu $\mathbf{f}$ und $\mathbf{g}$ eine reguläre Matrix $\mathbf{C}$ gibt, für die für alle $\mathbf{x} \in V^{(1)}$ gilt

$$\mathbf{f}(\mathbf{g}(\mathbf{x})) = \mathbf{C}\mathbf{f}(\mathbf{x}). \tag{5.57}$$

Dann läßt sich durch (5.57) ein diskreter Plan $\xi_\mathbf{z} = \{\mathbf{g}(\mathbf{x}_l), p_l\}_{l=1}^m$ in einfacher Weise aus ξ^* berechnen. Für $\xi_\mathbf{z}$ gilt nun

$$\begin{aligned} \mathbf{M}(\xi_\mathbf{z}) &= \sum_{l=1}^m p_l \, \mathbf{f}(\mathbf{z}_l) \, \mathbf{f}(\mathbf{z}_l)^\top = \sum_{l=1}^m p_l \mathbf{C}\mathbf{f}(\mathbf{x}_l) \, \mathbf{f}(\mathbf{x}_l)^\top \mathbf{C}^\top \\ &= \mathbf{C} \sum_{l=1}^m p_l \mathbf{f}(\mathbf{x}_l) \, \mathbf{f}(\mathbf{x}_l)^\top \, \mathbf{C}^\top \\ &= \mathbf{C}\mathbf{M}(\xi^*) \, \mathbf{C}^\top, \end{aligned} \tag{5.58}$$

und es ist

$$\begin{aligned} \mathbf{f}(\mathbf{z})^\top \mathbf{M}^{-1}(\xi_\mathbf{z}) \, \mathbf{f}(\mathbf{z}) &= \mathbf{f}(\mathbf{x})^\top \mathbf{C}^\top (\mathbf{C}\mathbf{M}(\xi^*) \, \mathbf{C}^\top)^{-1} \, \mathbf{C}\mathbf{f}(\mathbf{x}) \\ &= \mathbf{f}(\mathbf{x})^\top \mathbf{M}^{-1}(\xi^*) \, \mathbf{f}(\mathbf{x}). \end{aligned} \tag{5.59}$$

Aus (5.58) folgt $\det\mathbf{M}(\xi_\mathbf{z}) = (\det\mathbf{C})^2 \det\mathbf{M}(\xi^*)$, d. h. also, daß bei Gültigkeit der Beziehung (5.57) $\det\mathbf{M}(\xi_\mathbf{z})$ proportional ist zu $\det\mathbf{M}(\xi^*)$ und damit jeder diskrete (bzw. auch der entsprechende konkrete) D-optimale Versuchsplan ξ^* affin-invariant bezüglich der Transformation $\mathbf{z} = \mathbf{g}(\mathbf{x})$ ist. Für $V = H$ sind bei Gültigkeit von (5.57) auch alle G-optimalen Versuchspläne affin-invariant bezüglich einer Transformation $\mathbf{g}$.

Beispiel 5.3: Es seien $\tilde{\eta}(x, \boldsymbol{\vartheta}) = \vartheta_0 + \vartheta_1 x + \vartheta_2 x^2$ in $V^{(1)} = [-1,1]$ und $\tilde{\eta}(z, \boldsymbol{\vartheta}) = \vartheta_0 + \vartheta_1 z + \vartheta_2 z^2$ in $V^{(2)} = [0,2]$. Eine affine Abbildung von $V^{(1)}$ auf $V^{(2)}$ sei durch $z = g(x) = x + 1$ gegeben. Dann gibt es eine Matrix $\mathbf{C}$, für die (5.57) gilt:

$$\mathbf{f}(z) = \begin{pmatrix} f_1(z) \\ f_2(z) \\ f_3(z) \end{pmatrix} = \begin{pmatrix} 1 \\ z \\ z^2 \end{pmatrix} = \begin{pmatrix} 1 \\ x+1 \\ (x+1)^2 \end{pmatrix} = \begin{pmatrix} 1 & 0 & 0 \\ 1 & 1 & 0 \\ 1 & 2 & 1 \end{pmatrix} \begin{pmatrix} 1 \\ x \\ x^2 \end{pmatrix} = \mathbf{C}\mathbf{f}(x)$$

mit

$$\mathbf{C} = \begin{pmatrix} 1 & 0 & 0 \\ 1 & 1 & 0 \\ 1 & 2 & 1 \end{pmatrix}.$$

Der Versuchsplan $\xi^* = \begin{Bmatrix} -1 & 1 \\ 1/2 & 1/2 \end{Bmatrix}$ ist für $V = H = [-1,1]$ ein G-optimaler Plan, dann ist auch der Versuchsplan

$$\xi_z^* = \left\{x_l + 1, p_l\right\}_{l=1}^m = \begin{Bmatrix} 0 & 2 \\ 1/2 & 1/2 \end{Bmatrix}$$

für $V = H = [0,2]$ ein G-optimaler Versuchsplan.

5.5. Ungleichungen

Die Berechnung konkreter optimaler Versuchspläne aus diskreten optimalen Versuchsplänen ist ein schwieriges und noch nicht befriedigend gelöstes Problem. Deshalb sind Näherungen für konkrete optimale Pläne, die aus diskreten optimalen Plänen berechnet werden, von besonderem Interesse. Um eine solche Näherung beurteilen zu können, wollen wir den Funktionalwert des konkreten Planes mit dem Funktionalwert des diskreten Planes vergleichen. Das führt uns zu Ungleichungen für die Funktionalwerte der Versuchspläne.

Eine allgemeine Ungleichung wurde von Fedorov [1] aufgestellt. W sei ein Funktional mit den Eigenschaften

$$W(\mathbf{A} + \mathbf{B}) \geqq W(\mathbf{A}), \quad W(k\mathbf{A}) = kW(\mathbf{A}), \tag{5.60}$$

wobei $\mathbf{A}$ und $\mathbf{B}$ beliebige positiv semidefinite Matrizen sind, dann gilt für die optimalen Versuchspläne V_n^* und ξ^* die Ungleichung

$$\frac{n-m}{n} W(\mathbf{M}(\xi^*)) \leqq W(\mathbf{M}(V_n^*)) \leqq W(\mathbf{M}(\xi^*)), \tag{5.61}$$

wobei mit $W(\mathbf{M}(\xi^*)) = \max\limits_{\xi \in \Xi} W(\mathbf{M}(\xi))$ und $W(\mathbf{M}(V_n^*)) = \max\limits_{V_n \in V^n} W(\mathbf{M}(V_n))$ bezeichnet wurde (m ist die Anzahl der Punkte des Spektrums $S(\xi^*)$). Für $n \leqq m$ ist diese Ungleichung trivial, also nur für $n > m$ interessant. Wählen wir für das Funktional $W(\mathbf{M}) = (\det \mathbf{M})^{1/r}$, dann können wir für einen konkreten D-optimalen Versuchsplan die Abschätzung

$$\left(\frac{n-m}{n}\right)^r \det \mathbf{M}(\xi^*) \leqq \det \mathbf{M}(V_n^*) \leqq \det \mathbf{M}(\xi^*) \tag{5.62}$$

benutzen. Wählen wir dagegen für das Funktional $W(\mathbf{M}) = \min\limits_{\mathbf{x} \in V} (\mathbf{f}(\mathbf{x})^{\mathrm{T}} \mathbf{M}^{-1} \mathbf{f}(\mathbf{x}))^{-1}$, dann erhalten wir für G-optimale Versuchspläne

$$\begin{aligned} \max_{\mathbf{x} \in V} \mathbf{f}(\mathbf{x})^{\mathrm{T}} \mathbf{M}^{-1}(\xi^*) \mathbf{f}(\mathbf{x}) &\leqq \max_{\mathbf{x} \in V} \mathbf{f}(\mathbf{x})^{\mathrm{T}} \mathbf{M}^{-1}(V_n^*) \mathbf{f}(\mathbf{x}) \\ &\leqq \frac{n}{n-m} \max_{\mathbf{x} \in V} \mathbf{f}(\mathbf{x})^{\mathrm{T}} \mathbf{M}^{-1}(\xi^*) \mathbf{f}(\mathbf{x}). \end{aligned} \tag{5.63}$$

Außer einem Vergleich eines konkreten optimalen Planes (bzw. einer Näherung dafür) mit einem diskreten optimalen Plan ist für eine praktische Anwendung oft noch von großem Nutzen zu wissen, wie weit ein bekannter diskreter Versuchsplan ξ von dem entsprechenden optimalen Plan ξ^* bezüglich des Funktionalwertes entfernt ist. So einen bekannten Plan ξ können wir beispielsweise durch eine Vereinfachung eines optimalen Planes erhalten, oder wir nehmen einen häufig benutzten Plan, den es einzuschätzen gilt.

Für die G-Optimalität ist bei $V = H$ ein solcher Vergleich sehr einfach, können wir doch die Aussage 1.c des Äquivalenzsatzes von Kiefer und Wolfowitz benutzen (vgl. Satz 5.1). Für einen G-optimalen Plan ξ^* gilt bekanntlich

$$\max_{\mathbf{x} \in V} \mathbf{f}(\mathbf{x})^{\mathrm{T}} \mathbf{M}^{-1}(\xi^*) \mathbf{f}(\mathbf{x}) = r.$$

Berechnen wir nun die entsprechende Größe für den Plan ξ, dann können wir aus dem Unterschied zu r auf eine Güte der Näherung schließen. Ein Vorteil dabei ist noch, daß der optimale Plan nicht bekannt zu sein braucht.

Für die Einschätzung eines diskreten D-optimalen Planes läßt sich der Äquivalenzsatz nicht verwenden. Von Wynn [1] wurde folgende Abschätzung gegeben:

$$\frac{\det \mathbf{M}(\xi)}{\det \mathbf{M}(\xi^*)} \leqq \left[\frac{r}{\max\limits_{\mathbf{x}\in V} \mathbf{f}(\mathbf{x})^{\mathrm{T}}\mathbf{M}^{-1}(\xi)\,\mathbf{f}(\mathbf{x})}\right]^r \left[\frac{\max\limits_{\mathbf{x}\in V} \mathbf{f}(\mathbf{x})^{\mathrm{T}}\mathbf{M}^{-1}(\xi)\,\mathbf{f}(\mathbf{x}) - 1}{r-1}\right]^{r-1} \tag{5.64}$$

und von Atwood [1] die Abschätzung nach unten

$$\frac{\det \mathbf{M}(\xi)}{\det \mathbf{M}(\xi^*)} \geqq \left[\frac{r}{\max\limits_{\mathbf{x}\in V} \mathbf{f}(\mathbf{x})^{\mathrm{T}}\mathbf{M}^{-1}(\xi)\,\mathbf{f}(\mathbf{x})}\right]^r. \tag{5.65}$$

Durch Umformen der Ungleichungen (5.64) und (5.65) sind wir in der Lage, mit einem diskreten Plan ξ Schranken für den Funktionalwert eines D-optimalen Planes ξ^* anzugeben.

5.6. Ein Iterationsverfahren für G- und D-optimale Versuchspläne

Die Berechnung eines diskreten G- und D-optimalen Versuchsplans aus dem definierenden Optimierungsproblem ist numerisch oft recht schwierig, vielfach ist solch eine Lösung wegen eines nicht zu vertretenden großen Aufwandes praktisch nicht zu ermitteln. Letzteres wird besonders dann der Fall sein, wenn der Versuchsbereich V eine komplizierte Gestalt hat oder wenn nur geringe Anhaltspunkte über die Form eines diskreten G-optimalen Planes vorliegen. Eine günstige, weil rationelle bzw. ökonomische Möglichkeit zur Konstruktion eines optimalen Planes besteht darin, Schritt für Schritt, ausgehend von einem Anfangsversuchsplan, jeweils einen neuen Versuchspunkt aus dem Versuchsbereich V auszuwählen und dem Anfangsplan hinzuzufügen. Für dieses iterative Vorgehen wurden von Fedorov [1], Sokolov [1] und Wynn [1] Verfahren zur Konstruktion eines G-optimalen Planes angegeben.

Der Grundgedanke dieser Verfahren besteht darin, daß ein G-optimaler Plan nur solche Punkte im Spektrum enthält, in denen die Varianz der geschätzten Funktionswerte $\hat{Y}(\mathbf{x})$ maximal ist. Für einen diskreten Plan $\xi = \{\mathbf{x}_l, p_l\}_{l=1}^m$ gilt

$$\begin{aligned}\sum_{l=1}^{m} p_l\, \mathbf{f}(\mathbf{x}_l)^{\mathrm{T}}\mathbf{M}^{-1}(\xi)\,\mathbf{f}(\mathbf{x}_l) &= \sum_{l=1}^{m} \mathrm{Sp}(\mathbf{M}^{-1}(\xi)\,\mathbf{f}(\mathbf{x}_l)\,\mathbf{f}(\mathbf{x}_l)^{\mathrm{T}} p_l) \\ &= \mathrm{Sp}(\mathbf{M}^{-1}(\xi) \sum_{l=1}^{m} p_l\, \mathbf{f}(\mathbf{x}_l)\,\mathbf{f}(\mathbf{x}_l)^{\mathrm{T}}) \\ &= \mathrm{Sp}(\mathbf{M}^{-1}(\xi)\,\mathbf{M}(\xi)) \\ &= \mathrm{Sp}\mathbf{E}_r = r\end{aligned} \tag{5.66}$$

(diese Herleitung läßt sich leicht bestätigen, wenn wir für $\mathbf{f}(\mathbf{x})$ und $\mathbf{M}^{-1}(\xi)$ die Komponentendarstellung einsetzen und die Ausdrücke ausrechnen). Soll nun ξ ein G-optimaler Versuchsplan sein, dann erhalten wir aus der Aussage 1.c des Äquivalenzsatzes 5.1 von Kiefer und Wolfowitz (vgl. Abschnitt 5.4.)

$$\mathbf{f}(\mathbf{x}_l)^{\mathrm{T}}\mathbf{M}^{-1}(\xi)\,\mathbf{f}(\mathbf{x}_l) \leqq r, \quad l = 1, \ldots, m. \tag{5.67}$$

Damit aber für einen G-optimalen Plan (5.66) gilt, muß in (5.67) das Gleichheitszeichen stehen. Also besteht das Spektrum eines diskreten G-optimalen Planes ξ^* nur aus solchen Punkten, in denen die Varianz $D^2\hat{Y}(\mathbf{x}) = \mathbf{f}(\mathbf{x})^{\mathrm{T}}\mathbf{M}^{-1}(\xi^*)\,\mathbf{f}(\mathbf{x})$ der Schätzungen $\hat{Y}(\mathbf{x})$ maximal ist (vgl. Aussage 1.c, Satz 5.1).

Wir wollen nun einen diskreten G-optimalen Versuchsplan näherungsweise berechnen. Das Iterationsverfahren wird durch folgende Schritte charakterisiert:

Schritt 1: Gegeben sei ein Anfangsplan V_{n_0} mit $\det\mathbf{M}(V_{n_0}) \neq 0$. Dieser Plan muß nicht optimal sein, er muß nur die Schätzung aller Parameter erlauben. Ein solcher Plan läßt sich ohne Schwierigkeiten angeben.

Schritt 2: Es wird ein Versuchspunkt $\mathbf{x}_{n_0+1}$ so gesucht, daß

$$\mathbf{f}(\mathbf{x}_{n_0+1})^{\mathrm{T}}\mathbf{M}^{-1}(V_{n_0})\mathbf{f}(\mathbf{x}_{n_0+1}) = \max_{\mathbf{x}\in V} \mathbf{f}(\mathbf{x})^{\mathrm{T}}\mathbf{M}^{-1}(V_{n_0})\,\mathbf{f}(\mathbf{x}) \tag{5.68}$$

gilt. Wir suchen somit die Abszisse des absoluten Maximums der Funktion $g(\mathbf{x}) = \mathbf{f}(\mathbf{x})^{\mathrm{T}}\,\mathbf{M}^{-1}(V_{n_0})\,\mathbf{f}(\mathbf{x})$.

Die Maximierung der Funktion $g(\mathbf{x})$ bereitet oft große Schwierigkeiten, da im allgemeinen aufwendige Optimierungsverfahren angewandt werden müssen. Bei der Anwendung dieser Verfahren (z. B. Methode des steilsten Anstiegs, zufälliges Suchverfahren) kann es vorkommen, daß das Ergebnis der Rechnung nur ein relatives Maximum liefert, wir müssen das Verfahren mit anderen, zufällig gewählten Startpunkten wiederholen. Wenn $g(\mathbf{x})$ eine konvexe Funktion ist (vgl. z. B. Bd. 14 bzw. Bd. 15), können wir uns bei der Suche des Maximums auf den Rand von V beschränken.

Schritt 3: Der im Schritt 2 gefundene Punkt wird dem Plan V_{n_0} hinzugefügt. Es ergibt sich ein Plan

$$V_{n_0+1} = (\mathbf{x}_1, \ldots, \mathbf{x}_{n_0}, \mathbf{x}_{n_0+1}),$$

der für uns ein neuer Anfangsplan ist, mit dem nun die Bestimmung des optimalen Abszissenwertes der Funktion $g(\mathbf{x})$ wiederholt wird.

Auf diese Weise erhalten wir eine Folge von konkreten Versuchsplänen V_{n_0}, $V_{n_0+1}, \ldots, V_n, \ldots$. Für jeden dieser Pläne können wir $\det\mathbf{M}(V_i)$ $(i = n_0, n_0+1, \ldots, n, \ldots)$ berechnen. Es gilt dann der von Wynn [1] bewiesene Satz

Satz 5.2: *Für die Folge der konkreten Versuchspläne*

$V_{n_0}, V_{n_0+1}, \ldots, V_n, \ldots$ *gilt*

$$\lim_{n\to\infty} \det\mathbf{M}(V_n) = \det\mathbf{M}(\xi^*), \tag{5.69}$$

wobei ξ^* ein diskreter G-optimaler Versuchsplan ist.

Das Iterationsverfahren kann bereits nach einer endlichen Anzahl von Schritten abbrechen, wenn der Anfangsplan V_{n_0} nur solche Punkte enthält, die zum Spektrum $S(\xi^*)$ eines G-optimalen Planes gehören. Als Abbruchbedingung verwenden wir dabei die Bedingung 1.c des Satzes 5.1 (Äquivalenzsatz von Kiefer/Wolfowitz). Enthält das Spektrum des Anfangsplanes Punkte, die nicht zum Spektrum $S(\xi^*)$ eines G-optimalen Planes gehören, dann besitzt solch ein Punkt im Versuchsplan V_n immer noch mindestens das Gewicht $1/n$. Ist dieses Gewicht hinreichend klein, dann wird der entsprechende Punkt aus dem Spektrum gestrichen. In diesem Fall erhalten wir nicht nach endlich vielen Schritten einen diskreten G-optimalen Plan. Wir werden deshalb ein anderes, geeigneteres Abbruchkriterium verwenden müssen. Es ist also für die notwendige Schrittzahl und damit für den Rechenaufwand bei dem hier vorgestellten Iterationsverfahren von großer Bedeutung, einen möglichst guten Anfangsplan V_{n_0} vorzugeben. Das hier beschriebene Iterationsverfahren wurde weiter verfeinert, z. B. durch eine Änderung der Gewichte (vgl. Fedorov [1], Atwood [2]).

Analog zu den Ungleichungen (5.64) und (5.65) wurden von Wynn [1] Ungleichungen angegeben, die für jeden Schritt des Iterationsverfahrens berechnet werden können. Es gilt

$$A_n \leqq \det\mathbf{M}(\xi^*) \leqq B_n \tag{5.70}$$

mit

$$A_n = \det\mathbf{M}(\xi_n) \left\{\frac{\bar{d}(\xi_n)}{r}\right\}^r \left\{\frac{r-1}{\bar{d}(\xi_n)-1}\right\}^{r-1}, \tag{5.71 a}$$

$$B_n = \det\mathbf{M}(\xi_n) \exp\{\bar{d}(\xi_n) - r\} \tag{5.71 b}$$

und mit

$$\bar{d}(\xi_n) = n\left[\left(\frac{n+1}{n}\right)^r \frac{\det\mathbf{M}(\xi_{n+1})}{\det\mathbf{M}(\xi_n)} - 1\right]. \tag{5.72}$$

Wird nun für ein gewisses n der Ausdruck $B_n - A_n$ hinreichend klein, dann kann das Iterationsverfahren abgebrochen werden. Wir werden die Anwendung des Iterationsverfahrens an einem Beispiel demonstrieren und einen diskreten D-optimalen Plan konstruieren, der nach dem Äquivalenzsatz auch ein diskreter G-optimaler Plan ist.

Beispiel 5.4: Zur Schätzung der Wirkungsfläche $\eta(\mathbf{x})$ sei der Ansatz $\tilde{\eta}(\mathbf{x}, \boldsymbol{\vartheta}) = \vartheta_0 + \vartheta_1 x_1 + \vartheta_2 x_2$ gegeben. Der Versuchsbereich V sei gewählt als $V = \{\mathbf{x}_1, \mathbf{x}_2, \mathbf{x}_3, \mathbf{x}_4\}$ mit $\mathbf{x}_1 = (2,2)$, $\mathbf{x}_2 = (-1,1)$, $\mathbf{x}_3 = (1, -1)$ und $\mathbf{x}_4 = (-1, -1)$ (vgl. Bild 5.2). Als Anfangsplan benutzen wir den Plan $V_3 = (\mathbf{x}_2, \mathbf{x}_3, \mathbf{x}_4)$. Daraus berechnen wir die Informationsmatrix für $n_0 = 3$

$$\mathbf{M}(V_3) = \frac{1}{n_0}\begin{pmatrix} n_0 & \sum_{i=1}^{n} x_{1i} & \sum_{i=1}^{n} x_{2i} \\ \sum_{i=1}^{n} x_{1i} & \sum_{i=1}^{n} x_{1i}^2 & \sum_{i=1}^{n} x_{1i}x_{2i} \\ \sum_{i=1}^{n} x_{2i} & \sum_{i=1}^{n} x_{1i}x_{2i} & \sum_{i=1}^{n} x_{2i}^2 \end{pmatrix}$$

$$= \frac{1}{3}\begin{pmatrix} 3 & -1 & -1 \\ -1 & 3 & -1 \\ -1 & -1 & 3 \end{pmatrix}. \tag{5.73}$$

Aus (5.73) erhalten wir $\det\mathbf{M}(V_3) = 0{,}5926$ und somit für die Varianzfunktion

$$D^2\hat{Y}(\mathbf{x}) = (1, x_1, x_2)\, \mathbf{M}^{-1}(V_3) \begin{pmatrix} 1 \\ x_1 \\ x_2 \end{pmatrix} \tag{5.74}$$

mit

$$\mathbf{M}^{-1}(V_3) = \begin{pmatrix} 1{,}50 & 0{,}75 & 0{,}75 \\ 0{,}75 & 1{,}50 & 0{,}75 \\ 0{,}75 & 0{,}75 & 1{,}50 \end{pmatrix},$$

also

$$D^2\hat{Y}(\mathbf{x}) = 1{,}50(1 + x_1^2 + x_2^2 + x_1 + x_2 + x_1x_2). \tag{5.75}$$

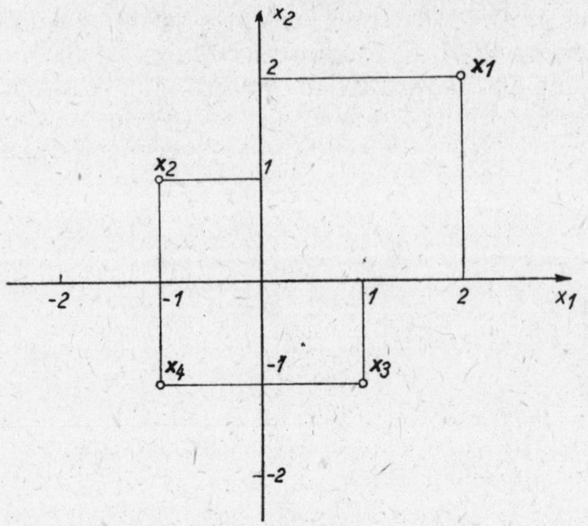

Bild 5.2

Berechnen wir nun $\max_{\mathbf{x} \in V} D^2 \hat{Y}(\mathbf{x})$, dann wird dieses Maximum für den Punkt $\mathbf{x}_1$ angenommen. Als Funktionswert ergibt sich aus (5.75) $D^2 \hat{Y}(\mathbf{x}_1) = 25{,}5$.

Bestimmen wir die Grenzen A_3 und B_3 der Ungleichung (5.70), dann ist die durch den Anfangsplan V_3 erhaltene Näherung für ξ^* noch unzureichend (vgl. Tab. 5.1), wir gehen zu einem $V_4 = (\mathbf{x}_2, \mathbf{x}_3, \mathbf{x}_4, \mathbf{x}_1)$ über, berechnen $\mathbf{M}^{-1}(V_4)$ und aus $D^2 \hat{Y}(\mathbf{x})$ durch Maximierung den nächsten Punkt des Versuchsplanes. In der folgenden Tabelle 5.1 haben wir die Ergebnisse von 12 Rechenschritten zusammengestellt (vgl. Wynn [1]) und jeweils die Schranken der Ungleichung (5.70) mit angegeben.

Tabelle 5.1

n	Versuchspunkt	$\det M(V_n)$	$\bar{d}(\xi_n)$	A_n	B_n
1	x_2				
2	x_3				
3	x_4	0,5926	25,5000	2,4252	$5{,}9 \times 10^9$
4	x_1	2,3750	3,5790	2,4252	4,2374
5	x_1	2,3040	3,7500	2,3802	4,8776
6	x_2	2,3333	4,2857	2,5205	8,4403
7	x_3	2,5190	3,2407	2,5297	3,2046
8	x_1	2,4688	3,3165	2,4863	3,3878
9	x_2	2,4527	3,6846	2,5220	4,8634
10	x_3	2,5200	3,3429	2,5240	2,9076
11	x_1	2,4883	3,3478	2,5094	3,5235
12	x_4	2,5000	3,2000	2,5075	3,0553

Setzen wir das Iterationsverfahren bis $n = 32$ fort, dann ergibt sich der Versuchsplan

$$V_{32} = (\mathbf{x}_2, \mathbf{x}_3, \mathbf{x}_4, \mathbf{x}_1, \mathbf{x}_1, \mathbf{x}_2, \mathbf{x}_3, \mathbf{x}_1, \mathbf{x}_2, \mathbf{x}_3, \mathbf{x}_1, \mathbf{x}_4, \mathbf{x}_2, \mathbf{x}_3, \mathbf{x}_1, \mathbf{x}_2, \mathbf{x}_3,$$
$$\mathbf{x}_1, \mathbf{x}_4, \mathbf{x}_2, \mathbf{x}_3, \mathbf{x}_1, \mathbf{x}_3, \mathbf{x}_2, \mathbf{x}_1, \mathbf{x}_4, \mathbf{x}_3, \mathbf{x}_2, \mathbf{x}_1, \mathbf{x}_2, \mathbf{x}_1, \mathbf{x}_3). \tag{5.76}$$

Für den Plan (5.76) ermitteln wir

$$\det \mathbf{M}(V_{32}) = 2{,}53125. \tag{5.77}$$

Die Schranken für det $\mathbf{M}(\xi^*)$ sind

$$A_{32} = B_{32} = 2{,}53125,$$

und die Abbruchbedingung für das Verfahren, die Aussage 1.c des Äquivalenzsatzes, liefert

$$\max_{\mathbf{x}\in V} D^2\hat{Y}(\mathbf{x}) = 3 \tag{5.78}$$

($d(\xi_n)$ gibt für $n \to \infty$ gerade $\max\limits_{\mathbf{x}\in V} D^2\hat{Y}(\mathbf{x})$).

Damit endet das Iterationsverfahren, wir haben mit

$$\xi = \begin{Bmatrix} \mathbf{x}_1 & \mathbf{x}_2 & \mathbf{x}_3 & \mathbf{x}_4 \\ 10/32 & 9/32 & 9/32 & 4/32 \end{Bmatrix} \tag{5.79}$$

[vgl. (5.76)] einen diskreten G-optimalen Versuchsplan für den Versuchsbereich $V = \{\mathbf{x}_1, \mathbf{x}_2, \mathbf{x}_3, \mathbf{x}_4\}$ erhalten.

5.7. Weitere Probleme

In diesem Abschnitt wollen wir einige Problemstellungen kennenlernen, in denen wir die Durchführung von Versuchen nach einem optimalen Plan vornehmen können.

Untersuchen wir Mixturen, d. h. Gemische aus verschiedenen Komponenten, dann drücken die Einflußgrößen der Wirkungsfunktion z. B. Gewichts-, Volumen- oder Molanteile aus. Zwischen solchen Einflußgrößen gilt dann die Bedingung

$$\sum_{i=1}^{k} x_i = 1, \tag{5.80}$$

wobei $x_i \geqq 0$ für $i = 1, \ldots, k$.

Durch (5.80) ist eine Einschränkung des Versuchsbereiches gegeben, wir dürfen nur noch Versuche auf einem sogenannten Simplex durchführen (s. Bild 5.3). Für $k = 3$ hat (5.80) die spezielle Form eines Dreiecks (der ursprüngliche Versuchsbereich V ist der Würfel $0 \leqq x_i \leqq 1$, $i = 1, \ldots, k$).

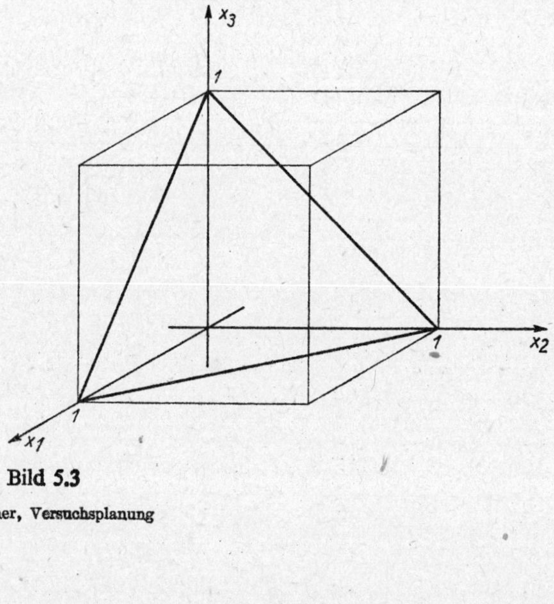

Bild 5.3

Die Beschränkung auf (5.80) führt auch dazu, daß die Parameter des Ansatzes $\tilde{\eta}(\mathbf{x}, \boldsymbol{\vartheta})$ nur bis auf eine additive Konstante bestimmt werden können. Dies folgt aus

$$\tilde{\eta}(\mathbf{x}, \boldsymbol{\vartheta}) = \vartheta_0 + \sum_{i=1}^{k} \vartheta_i x_i = (\vartheta_0 + \lambda) + \sum_{i=1}^{k} (\vartheta_i - \lambda)\, x_i \tag{5.81}$$

wegen $\sum_{i=1}^{k} x_i = 1$. Betrachten wir einen Ansatz der Form

$$\tilde{\eta}(\mathbf{x}, \boldsymbol{\vartheta}) = \vartheta_0 + \vartheta_1 x_1 + \cdots + \vartheta_k x_k, \tag{5.82}$$

dann erhalten wir wegen (5.80) eine Reduktion des Ansatzes. Ersetzen wir beispielsweise x_1 durch $1 - \sum_{i=1}^{k} x_i$, dann geht (5.82) über in $\tilde{\eta}(\mathbf{x}, \boldsymbol{\gamma}) = \gamma_1 + \gamma_2 x_2 + \cdots + \gamma_k x_k$. Verwenden wir dagegen $1 = \sum_{i=1}^{k} x_i$, dann geht (5.82) über in den Ansatz $\tilde{\eta}(\mathbf{x}, \boldsymbol{\delta}) = \delta_1 x_1 + \delta_2 x_2 + \cdots + \delta_k x_k$, der kein Absolutglied mehr enthält. Diese beiden Ansätze $\tilde{\eta}(\mathbf{x}, \boldsymbol{\gamma})$ und $\tilde{\eta}(\mathbf{x}, \boldsymbol{\delta})$ sind von unterschiedlicher Bedeutung für den Experimentator, mathematisch gesehen sind sie völlig gleichwertig.

Eine wesentliche Grundlage für die optimale Versuchsplanung für Mixturen bildet das (k,d)-Gitter. Dabei wird der Simplex für k Einflußgrößen mit einem Gitter der Maschenweite $1/d$ überzogen. Die Gitterpunkte sind dann die möglichen Punkte eines optimalen Versuchsplanes, die Berechnung reduziert sich auf eine Bestimmung der Gewichte für die Gitterpunkte. Ein (3,3)-Gitter besteht beispielsweise aus den 10 Punkten (s. Bild 5.4)

$$\{\mathbf{x}_1, \ldots, \mathbf{x}_{10}\} = \begin{pmatrix} 1 & 0 & 0 & 2/3 & 1/3 & 0 & 0 & 1/3 & 2/3 & 1/3 \\ 0 & 1 & 0 & 1/3 & 2/3 & 2/3 & 1/3 & 0 & 0 & 1/3 \\ 0 & 0 & 1 & 0 & 0 & 1/3 & 2/3 & 2/3 & 1/3 & 1/3 \end{pmatrix}.$$

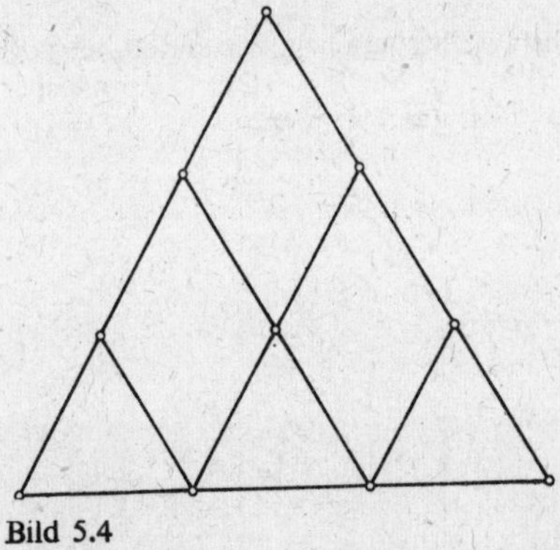

Bild 5.4

Optimale Versuchspläne zur Schätzung der Parameter bei Mixturen finden wir z. B. bei Bandemer/Bellmann/Jung/Richter [1].

Bei vielen praktischen Problemen sind wir daran interessiert, nur so viele Versuche durchzuführen, wie zur Erreichung einer Mindestgenauigkeit unbedingt erforderlich sind. Diese Forderung legt folgende Versuchsstrategie nahe: Ausgehend von einem mindest notwendigen Anfangsplan, der eine Schätzung der interessierenden Parameter erlaubt, führen wir jeweils nur einen Versuch oder eine geringe Anzahl von Versuchen durch. Die dabei gewonnenen Ergebnisse werden bei jedem Schritt zur Schätzung der Parameter des Ansatzes der Wirkungsfunktion herangezogen. Haben wir die geforderte

Genauigkeitsschranke (oder ein anderes Abbruchkriterium) noch nicht erreicht, dann führen wir weitere Versuche durch, ansonsten endet das Verfahren. Diese Vorgehensweise wird sequentiell genannt (hier: sequentielle Schätzung) im Gegensatz zu einem iterativen Vorgehen, bei dem die Ergebnisse der Versuche bei der Auswahl des nächsten Versuchspunktes nicht mit berücksichtigt werden. Diese Versuchsstrategie läßt sich besonders dann anwenden, wenn die Versuche sehr aufwendig sind oder nur in größeren Abständen durchgeführt werden können. Untersuchungen zur Konstruktion optimaler Versuchspläne bei sequentiellen Schätzungen finden wir bei Heckendorff [1].

Bei unseren bisherigen Überlegungen haben wir stets die Kosten für eine Versuchsdurchführung ausgeklammert. Das dürfte aber nur in seltenen Fällen möglich sein, häufiger wird eine Berücksichtigung der Versuchskosten die Konstruktion optimaler Versuchspläne beeinflussen. Auf eine Formulierung der Aufgabenstellung sind wir bereits kurz im Kapitel 1, Abschnitt 1.4, eingegangen, Vorschläge für eine Konstruktion kostenoptimaler Versuchspläne finden wir bei Jung [1].

Bei der Aufstellung eines wahrscheinlichkeitstheoretischen Modells ist eine Beschreibung des vorliegenden Sachverhaltes durch die Annahme unkorrelierter Beobachtungen oft nicht mehr möglich. Wir müssen dann annehmen, daß die Kovarianzmatrix $B\mathcal{Y}$ des Stichprobenvektors $\mathcal{Y}$ die Form $B\mathcal{Y} = \sigma^2 \mathbf{W}(\mathbf{x}_1, \ldots, \mathbf{x}_n)$ hat, wobei $\mathbf{W}(\mathbf{x}_1, \ldots, \mathbf{x}_n)$ eine positiv semidefinite Matrix ist, deren Struktur wir kennen müssen. In diesem Fall ist die Methode der kleinsten Quadrate nicht mehr ohne Einschränkung anwendbar. Überlegungen für eine optimale Versuchsplanung für korrelierte Meßfehler finden wir bei Näther [1].

5.8. Zusammenfassung

Alle im linearen Modell auftretenden Varianzausdrücke hängen nur durch die Matrix $\mathbf{F}^{\mathrm{T}}\mathbf{F}$ vom Versuchsplan V_n ab. Deshalb definieren wir Optimalitätskriterien für die Auswahl eines Versuchsplanes als Funktional der Informationsmatrix $\mathbf{M}(V_n) = \mathbf{F}^{\mathrm{T}}\mathbf{F}/n$. Durch eine spezielle Wahl der Funktionale erhalten wir die Kriterien für *D*-, *A*-, *E*-, *C*-, *G*- und *I*-optimale Versuchspläne.

Der Übergang von konkreten zu diskreten Versuchsplänen bringt Vorteile bei der mathematischen Bearbeitung der Aufgabenstellung. Für diskrete Versuchspläne gilt der fundamentale Satz von Kiefer und Wolfowitz, der besagt, daß ein *D*-optimaler diskreter Plan ξ^* auch *G*-optimal ist. Weiterhin läßt sich nach diesem Satz der Funktionalwert von ξ^* durch die Anzahl der Parameter $\boldsymbol{\vartheta}$ des Ansatzes $\tilde{\eta}(\mathbf{x}, \boldsymbol{\vartheta})$ ausdrücken. Diese Möglichkeit erlaubt uns die Konstruktion einer gewissen Klasse von Versuchsplänen durch Hadamard-Matrizen.

Nach einer Zusammenstellung einiger wichtiger Versuchspläne wird das Problem betrachtet, ob ein für einen Versuchsbereich $V^{(1)}$ optimaler Plan ξ^* auch für einen Versuchsbereich $V^{(2)}$ optimal ist, wenn $V^{(2)}$ durch eine affine Transformation auf $V^{(1)}$ zurückgeführt werden kann. Ein *G*-optimaler Versuchsplan für $V^{(1)}$ ist auch für $V^{(2)}$ *G*-optimal, wenn es zu einer affinen Abbildung $\mathbf{z} = \mathbf{g}(\mathbf{x})$ eine Matrix $\mathbf{C}$ gibt, so daß $\mathbf{f}(\mathbf{g}(\mathbf{x})) = \mathbf{C}\mathbf{f}(\mathbf{x})$ gilt. Für die Einschätzung eines konkreten optimalen Versuchsplanes V_n^*, der im allgemeinen eine Näherung für einen diskreten Plan ist, werden Ungleichungen von Fedorov, Wynn und Atwood angegeben, mit denen ein Plan ξ^* bezüglich des entsprechenden Funktionalwertes verglichen werden kann.

Hat der Versuchsbereich V eine sehr komplizierte Gestalt oder bestehen keine Vorstellungen über die Form eines *G*- oder *D*-optimalen Versuchsplanes, dann wird ein Iterationsverfahren zur Berechnung eines diskreten optimalen Planes vorgeschlagen. Dabei wird die Tatsache ausgenutzt, daß ein *G*-optimaler Plan nur solche Punkte in seinem Spektrum enthält, in denen die Varianz der geschätzten Funktionswerte maximal ist. Solche Punkte mit maximaler Varianz werden bei jedem Schritt des Verfahrens ausgewählt und zu einem Anfangsplan hinzugefügt. Auf diese Weise wird iterativ ein diskreter *G*- und *D*-optimaler Plan berechnet.

6. Versuchsplanung zur Diskrimination von Regressionsansätzen

6.1. Einleitung und Problemstellung

Zur Schätzung der unbekannten Wirkungsfläche $\eta(\mathbf{x})$ haben wir bisher stets einen Ansatz benutzt, der entweder ein wahrer Ansatz ist [vgl. (1.12)] oder der eine hinreichend gute Beschreibung von $\eta(\mathbf{x})$ liefert, wobei wir $\eta(\mathbf{x})$ durch Polynome approximieren wollen. Vielfach kann aber ein Experimentator eine ganze Reihe von möglichen Ansätzen in Betracht ziehen für eine Schätzung der Wirkungsfläche. Ein Beispiel soll dies verdeutlichen. Für eine chemische Reaktion A → B soll die Konzentration des Stoffes A in Abhängigkeit von der Zeit (Einflußgröße x_1) und von der Temperatur (Einflußgröße x_2) durch eine Funktion beschrieben werden. Dabei ist es möglich, Versuche in einem gewissen Bereich V durchzuführen. Der Experimentator kann zur Beschreibung von $\eta(\mathbf{x})$ (Konzentration von A) einen der Ansätze

$$\left.\begin{aligned}
\tilde{\eta}^{(1)}(\mathbf{x}, \boldsymbol{\vartheta}^{(1)}) &= e^{-x_1 e^{(\vartheta_1^{(1)} - \vartheta_2^{(2)} x_2)}},\\
\tilde{\eta}^{(2)}(\mathbf{x}, \boldsymbol{\vartheta}^{(2)}) &= [1 + x_1 e^{(\vartheta_1^{(2)} - \vartheta_2^{(2)} x_2)}]^{-1},\\
\tilde{\eta}^{(3)}(\mathbf{x}, \boldsymbol{\vartheta}^{(3)}) &= [1 + 2x_1 e^{(\vartheta_1^{(3)} - \vartheta_2^{(3)} x_2)}]^{-1/2},\\
\tilde{\eta}^{(4)}(\mathbf{x}, \boldsymbol{\vartheta}^{(4)}) &= [1 + 3x_1 e^{(\vartheta_1^{(4)} - \vartheta_2^{(4)} x_2)}]^{-1/2}
\end{aligned}\right\} \tag{6.1}$$

wählen. Zur Entscheidung für einen der Ansätze wollen wir Versuche durchführen, deren Auswertung eine Diskrimination (also eine Unterscheidung) der Ansätze erlaubt. Allgemein können wir die Aufgabenstellung wie folgt formulieren: Die Wirkungsfläche $\eta(\mathbf{x})$ ist durch einen Regressionsansatz $\tilde{\eta}(\mathbf{x}, \boldsymbol{\vartheta})$ zu schätzen. Der Ansatz $\tilde{\eta}(\mathbf{x}, \boldsymbol{\vartheta})$ sei dabei ein wahrer Ansatz, der aber in den meisten Fällen unbekannt und nur schwer zu beschaffen sein wird. Vielfach kennt aber der Experimentator wenigstens eine Klasse von Funktionen, mit denen sich ein für das betrachtete Problem sinnvoller Ansatz konstruieren läßt. Von allen mit den Funktionen dieser Klasse konstruierbaren Ansätzen betrachten wir nur eine gewisse Teilmenge, die wir in die engere Wahl ziehen. Diese Ansätze $\tilde{\eta}^{(i)}(\mathbf{x}, \boldsymbol{\vartheta}^{(i)})$, $i = 1, \ldots, q$, unter denen wir einen geeigneten auswählen müssen, bezeichnen wir als *konkurrierende Ansätze*. Liegt uns eine Realisierung des Beobachtungsvektors $\mathcal{Y}$ vor, dann können wir nach einem vorher festgelegten Kriterium den besten auswählen. Als geeignetes Kriterium wird sich vielfach ein Test erweisen. Diesen so ausgewählten besten Ansatz können wir nun weiteren statistischen Fragestellungen, z. B. der Schätzung der Parameter zugrunde legen. Für eine mathematische Behandlung erweist es sich als günstig, vorauszusetzen, daß mindestens einer der konkurrierenden Ansätze ein wahrer Ansatz ist, und wir wollen darüber hinaus noch annehmen, daß der ermittelte beste Ansatz ein wahrer Ansatz ist.

Es gibt in der mathematischen Statistik verschiedene Verfahren, die nach der Durchführung von Versuchen eine Auswahl eines besten Ansatzes aus einer Menge von möglichen Ansätzen erlauben, die bekanntesten sind die Rückwärtselimination und die schrittweise Regression (vgl. z. B. Draper/Smith [1]). Die Verfahren zur Entscheidung über die Ansätze hängen von der Lage der Versuchspunkte ab, diese Abhängigkeit wird aber in den meisten Fällen nicht zur Unterstützung einer Entscheidungsfindung herangezogen. Die folgenden Überlegungen sollen die Bedeutung der Lage der Versuchspunkte für diese Entscheidung veranschaulichen.

Für eine Wirkungsfläche $\eta(x)$ liegen uns die Ansätze $\tilde{\eta}^{(1)}(x, \boldsymbol{\vartheta}^{(1)})$ und $\tilde{\eta}^{(2)}(x, \boldsymbol{\vartheta}^{(2)})$ vor.

Nach einem bestimmten Kriterium (z. B. durch ein Schätzverfahren) wählen wir für jede Schar einen speziellen Parametervektor $\tilde{\vartheta}^{(1)}$ und $\tilde{\vartheta}^{(2)}$ aus. Das Bild 6.1 stellt einen möglichen Kurvenverlauf dar.

Führen wir nun die Versuche an solchen Punkten x durch, die kleiner als x_0 sind, dann werden wir nur eine geringe Differenz zwischen $(\eta(x) - \tilde{\eta}^{(1)}(x, \tilde{\vartheta}^{(1)}))$ und $(\eta(x) - \tilde{\eta}^{(2)}(x, \tilde{\vartheta}^{(2)}))$ zu erwarten haben und sehr viele Versuche zum Erkennen dieser geringen Unterschiede benötigen. Wählen wir als Versuchspunkte Abszissenwerte,

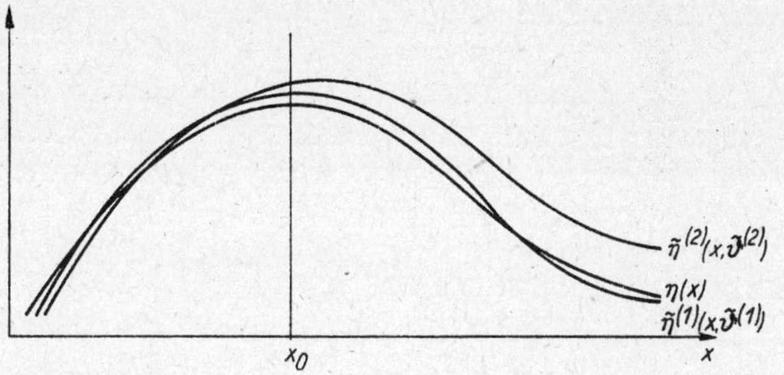

Bild 6.1

die größer als x_0 sind, dann weichen die Funktionen $\tilde{\eta}^{(1)}(x, \tilde{\vartheta}^{(1)})$ und $\tilde{\eta}^{(2)}(x, \tilde{\vartheta}^{(2)})$ stark voneinander ab, und wir werden mit wesentlich weniger Versuchen eine Entscheidung für den besten Ansatz ermöglichen. So ein Teilbereich $\mathring{V} \subseteq V$, in dem sich die Ansätze wesentlich unterscheiden, kann nur dann angegeben werden, wenn wir die Wirkungsfunktion $\eta(x)$ kennen. Wir wollen nun durch die Konstruktion eines optimalen Versuchsplanes erreichen, möglichst viele Versuche im Bereich $\mathring{V}$ zu konzentrieren. Dabei ist eine sequentielle Vorgehensweise vielfach vorteilhaft. Wir gehen von einem Anfangsplan V_{n_0} aus und prüfen, ob wir uns für einen der konkurrierenden Ansätze entscheiden können. Ist das noch nicht der Fall, dann wählen wir als neuen zu V_{n_0} hinzukommenden Versuchspunkt einen solchen Punkt aus V, der einen möglichst großen Unterschied zwischen den Ansätzen erwarten läßt. Liegen zur Beschreibung von $\eta(\mathbf{x})$ genau q Ansätze $\tilde{\eta}^{(i)}(\mathbf{x}, \boldsymbol{\vartheta}^{(i)})$, $i = 1, \ldots, q$, vor, wobei genau einer dieser Ansätze ein wahrer Ansatz ist, dann können wir die Konstruktion eines optimalen Versuchsplanes zur Diskrimination von Regressionsansätzen durch die folgenden Schritte charaktersieren:

Schritt 1: Nach einem beliebigen, nicht notwendig optimalen Anfangsplan V_n werden n Versuche durchgeführt. Der Umfang des Planes muß dabei so gewählt werden, daß alle Parameter der konkurrierenden Ansätze geschätzt werden können.

Schritt 2: Aus den vorliegenden Versuchsergebnissen bestimmen wir die erforderlichen Schätzwerte und prüfen (z. B. mit einem geeigneten Test), ob die Auswahl des besten Ansatzes möglich ist. Können wir diese Entscheidung fällen, dann endet das Verfahren, im anderen Fall sind weitere Versuche erforderlich.

Schritt 3: Der nächste Versuchspunkt wird unter Verwendung der vorliegenden n Versuchsergebnisse nach einem Optimalitätskriterium ausgewählt und dem Plan V_n hinzugefügt.

Schritt 4: In dem neuen Versuchspunkt $\mathbf{x}_{n+1}$ realisieren wir die Zufallsgröße $Y(\mathbf{x}_{n+1})$, d. h., wir führen einen Versuch durch und kehren zum Schritt 2 zurück.

Die Konstruktion eines Versuchsplanes zur Diskrimination von Regressionsansätzen beschränkt sich auf Schritt 3, wir werden einige solcher Kriterien zur Auswahl von $\mathbf{x}_{n+1}$ im weiteren vorstellen. Auf Möglichkeiten einer Entscheidung für den besten Ansatz gehen wir hier nicht ein, da uns besonders der Versuchsplanungsaspekt bei der Auswahl von $\mathbf{x}_{n+1}$ interessiert, wir verweisen z. B. auf Draper/Smith [1] und Anderson [1].

6.2. Optimalitätskriterien unter Verwendung der Stichprobenvarianz

Zur Schätzung der Wirkungsfläche mögen uns zwei Ansätze vorliegen, $\tilde{\eta}^{(1)}(\mathbf{x}, \boldsymbol{\vartheta}^{(1)})$ und $\tilde{\eta}^{(2)}(\mathbf{x}, \boldsymbol{\vartheta}^{(2)})$, von denen genau einer ein wahrer Ansatz ist. Der Beobachtungsvektor $\mathcal{Y}$ sei für alle Stichprobenumfänge n normalverteilt, seine Komponenten unabhängig. Die Varianz sei für alle Komponenten gleich σ^2. Wählen wir nun einen Versuchsplan V_n so, daß beide Parametervektoren $\boldsymbol{\vartheta}^{(1)}$ und $\boldsymbol{\vartheta}^{(2)}$ nach der Methode der kleinsten Quadrate eindeutig geschätzt werden können. Diese Schätzungen bezeichnen wir mit $\hat{\boldsymbol{\Theta}}^{(1)}(V_n)$ und $\hat{\boldsymbol{\Theta}}^{(2)}(V_n)$. Bei der Auswertung von Versuchen durch ein lineares Modell ist es üblich, zur Beurteilung der Güte eines Ansatzes $\tilde{\eta}^{(i)}(\mathbf{x}, \boldsymbol{\vartheta}^{(i)})$ für die Wirkungsfläche $\eta(\mathbf{x})$ die Summe der quadratischen Abweichungen

$$S_i(V_n) = \sum_{j=1}^{n} (Y(\mathbf{x}_j) - \tilde{\eta}^{(i)}(\mathbf{x}_j, \hat{\boldsymbol{\Theta}}^{(i)}(V_n)))^2, \quad i = 1, 2, \tag{6.2}$$

heranzuziehen. Bis auf einen konstanten Faktor ist (6.2) die sogenannte Restvarianz (vgl. auch Abschnitt 1.3.1. und 4.2.). Entsprechend den Überlegungen aus dem vorangegangenen Abschnitt wollen wir dann denjenigen der beiden Ansätze $\tilde{\eta}^{(i)}(\mathbf{x}, \boldsymbol{\vartheta}^{(i)})$, $i = 1, 2$, als besten Ansatz auswählen, der eine kleinere Restvarianz (d. h. eine kleinere Summe der quadratischen Abweichungen bei festem n) besitzt. Eine große Restvarianz soll ein Zeichen für einen von $\eta(\mathbf{x})$ stark abweichenden Ansatz $\tilde{\eta}(\mathbf{x}, \boldsymbol{\vartheta})$ sein. Tritt das zufällige Ereignis $S_1(V_n) - S_2(V_n) > 0$ ein, dann werden wir $\tilde{\eta}^{(2)}(\mathbf{x}, \boldsymbol{\vartheta}^{(2)})$ als besten Ansatz auswählen. Im Fall $S_1(V_n) - S_2(V_n) < 0$ wählen wir $\tilde{\eta}^{(1)}(\mathbf{x}, \boldsymbol{\vartheta}^{(1)})$ als besten Ansatz aus (das Ereignis $S_1(V_n) - S_2(V_n) = 0$ besitzt die Wahrscheinlichkeit 0 und bleibt deshalb unberücksichtigt).

Wenn wir die Möglichkeit haben, nach der Durchführung eines Planes $V_n = (\mathbf{x}_1, \ldots, \mathbf{x}_n)$ und vor der Entscheidung über die Ansätze noch weitere Versuche zu machen, also sequentiell vorgehen können, dann läßt sich ein modifiziertes Entscheidungskriterium anwenden. Es seien A und B vorgegebene positive Zahlen, die außer von der Verteilung von $S_1(V_n) - S_2(V_n)$ auch von den Fehlern 1. Art α (wir wählen z. B. den Ansatz $\tilde{\eta}^{(2)}(\mathbf{x}, \boldsymbol{\vartheta}^{(2)})$, obwohl $\tilde{\eta}^{(1)}(\mathbf{x}, \boldsymbol{\vartheta}^{(1)})$ wahrer Ansatz ist) und 2. Art β (wir wählen $\tilde{\eta}^{(1)}(\mathbf{x}, \boldsymbol{\vartheta}^{(1)})$, obwohl $\tilde{\eta}^{(2)}(\mathbf{x}, \boldsymbol{\vartheta}^{(2)})$ wahrer Ansatz ist) abhängen. In praxi verwenden wir die Zahlen $A = \alpha/(1 - \beta)$ und $B = (1 - \alpha)/\beta$ (vgl. Wald [1]). Tritt das Ereignis

$$S_1(V_n) - S_2(V_n) < A \tag{6.3}$$

ein, dann entscheiden wir uns für den Ansatz $\tilde{\eta}^{(1)}(\mathbf{x}, \boldsymbol{\vartheta}^{(1)})$, beim Ereignis

$$S_1(V_n) - S_2(V_n) > B \tag{6.4}$$

nehmen wir den Ansatz $\tilde{\eta}^{(2)}(\mathbf{x}, \boldsymbol{\vartheta}^{(2)})$ als besten Ansatz, und im Fall

$$A \leqq S_1(V_n) - S_2(V_n) \leqq B \tag{6.5}$$

setzen wir die Versuche fort. Dazu wählen wir einen neuen Versuchspunkt $\mathbf{x}_{n+1}$, fügen diesen zu V_n hinzu und wiederholen das Verfahren mit dem Plan V_{n+1}.

Zur Auswahl des nächsten Punktes $\mathbf{x}_{n+1}$ ist es sinnvoll, die Entscheidungsgröße $S_1(V_n) - S_2(V_n)$ als Kriterium heranzuziehen. Die Summen der quadratischen Abweichungen (6.2) lassen sich für den Punkt $\mathbf{x}_{n+1}$ nach Durchführung von V_n schreiben als

$$\begin{aligned} S_i(\mathbf{x}_{n+1}, V_n) = {} & \sum_{j=1}^{n} (y(\mathbf{x}_j) - \tilde{\eta}^{(i)}(\mathbf{x}_j, \hat{\boldsymbol{\Theta}}^{(i)}(V_{n+1})))^2 \\ & + (Y(\mathbf{x}_{n+1}) - \tilde{\eta}^{(i)}(\mathbf{x}_{n+1}, \hat{\boldsymbol{\Theta}}^{(i)}(V_{n+1})))^2, \quad i = 1, 2, \end{aligned} \tag{6.6}$$

wobei die Schätzung $\hat{\boldsymbol{\Theta}}^{(i)}(V_{n+1})$ mit dem Beobachtungsvektor $(y(\mathbf{x}_1), \ldots, y(\mathbf{x}_n), Y(\mathbf{x}_{n+1}))^{\mathrm{T}}$ zu bilden ist. Wegen (6.6) ist aber $S_1(\mathbf{x}_{n+1}, V_n) - S_2(\mathbf{x}_{n+1}, V_n)$ eine Zufallsgröße, die wir nur dann für eine Optimierung bezüglich $\mathbf{x}_{n+1}$ heranziehen können, wenn wir den Erwartungswert bilden bezüglich der Verteilung des Stichprobenvektors unter der Voraussetzung, daß der Ansatz $\tilde{\eta}^{(i)}(\mathbf{x}, \boldsymbol{\vartheta}^{(i)})$ wahrer Ansatz ist (diesen Erwartungswert bezeichnen wir mit E_i). Da der wahre Ansatz unbekannt ist, müssen wir den Versuchspunkt $\mathbf{x}_{n+1}$ aus den beiden Beziehungen

$$\begin{aligned} \max_{\mathbf{x}\in V} E_1[S_2(\mathbf{x}, V_n) - S_1(\mathbf{x}, V_n)] &= E_1[S_2(\mathbf{x}_{n+1}, V_n) - S_1(\mathbf{x}_{n+1}, V_n)] \\ \max_{\mathbf{x}\in V} E_2[S_1(\mathbf{x}, V_n) - S_2(\mathbf{x}, V_n)] &= E_2[S_1(\mathbf{x}_{n+1}, V_n) - S_2(\mathbf{x}_{n+1}, V_n)] \end{aligned} \tag{6.7}$$

gleichzeitig auswählen. Dazu können wir eine von Fedorov [1] angegebene Zerlegungsformel mit Erfolg anwenden. Trotzdem wird sich ein Punkt $\mathbf{x}_{n+1}$ nach (6.7) wenn überhaupt, dann nur sehr schwer bestimmen lassen. Deshalb ist es günstiger, als Auswahlkriterium

$$\max_{\mathbf{x}\in V} [v_1 E_1(S_2(\mathbf{x}, V_n) - S_1(\mathbf{x}, V_n)) + v_2 E_2(S_1(\mathbf{x}, V_n) - S_2(\mathbf{x}, V_n))] \tag{6.8}$$

zu verwenden. Dabei sind v_1 und v_2 spezielle Gewichtsfunktionen, die von den Fehlern α und β abhängen.

Wenden wir zur Auswahl des besten Ansatzes nicht die Differenz der $S_i(V_n)$, $i = 1, 2$, an, sondern den entsprechenden Likelihoodquotienten für die Ansätze $\tilde{\eta}^{(i)}(\mathbf{x}, \boldsymbol{\vartheta}^{(i)})$, $i = 1, 2$, dann wird von Hunter/Reiner [1] ein Auswahlkriterium vorgeschlagen, nach dem $\mathbf{x}_{n+1}$ so gewählt wird, daß der Abstand der Schätzungen der Wirkungsfläche maximal ist

$$\begin{aligned} & \max_{\mathbf{x}\in V} [\tilde{\eta}^{(1)}(\mathbf{x}, \hat{\boldsymbol{\vartheta}}^{(1)}(V_n)) - \tilde{\eta}^{(2)}(\mathbf{x}, \hat{\boldsymbol{\vartheta}}^{(2)}(V_n))]^2 \\ & = [\tilde{\eta}^{(1)}(\mathbf{x}_{n+1}, \hat{\boldsymbol{\vartheta}}^{(1)}(V_n)) - \tilde{\eta}^{(2)}(\mathbf{x}_{n+1}, \hat{\boldsymbol{\vartheta}}^{(2)}(V_n))]^2. \end{aligned} \tag{6.9}$$

6.3. Optimalitätskriterium unter Verwendung der Entropie

Wir lassen nun q konkurrierende Ansätze zur Schätzung der Wirkungsfläche zu. Außer $\eta^{(i)}(\mathbf{x}, \boldsymbol{\vartheta}^{(i)})$, $i = 1, \ldots, q$, sei für jeden dieser Ansätze eine Wahrscheinlichkeit P_i, $i = 1, \ldots, q$, gegeben. Dieser Wert P_i gibt an, mit welcher Wahrscheinlichkeit der Ansatz $\tilde{\eta}^{(i)}(\mathbf{x}, \boldsymbol{\vartheta}^{(i)})$ der wahre oder zur Beschreibung von $\eta(\mathbf{x})$ am besten geeignete Ansatz ist. Dabei müssen die Ansätze disjunkt sein, d. h., es darf keine Funktion geben, die zu zwei verschiedenen Ansätzen gehört, und es muß $\sum_{i=1}^{q} P_i = 1$ gelten. Sind alle Ansätze gleichberechtigt, dann setzen wir sinnvollerweise $P_1 = P_2 = \cdots = P_q = 1/q$. Liegt uns die Realisierung eines Versuchsplanes V_n vor, dann können wir unter Verwendung der Versuchsergebnisse aus den a-priori-Wahrscheinlichkeiten P_i durch die Bayessche Formel für jeden Ansatz eine a-posteriori-Wahrscheinlichkeit P_{in}, $i = 1, \ldots, q$, berechnen. Diese so bestimmte Wahrscheinlichkeit P_{in} können wir zur Grundlage einer Auswahl des besten Ansatzes nehmen. Wir wählen z. B. $\tilde{\eta}^{(v)}(\mathbf{x}, \boldsymbol{\vartheta}^{(v)})$ als besten Ansatz, wenn gilt

$$P_{vn} = \max_{i} P_{in}. \tag{6.10}$$

Unterscheiden sich die P_{in} nur wenig voneinander, dann ist (6.10) kein sehr günstiges Kriterium. Da sich die Wahrscheinlichkeiten P_{in} von Versuch zu Versuch ändern werden, ist es vorteilhaft, sequentiell vorzugehen. Dabei wird die a-posteriori-Wahrscheinlichkeit des $(n + k)$-ten Schrittes zur a-priori-Wahrscheinlichkeit für den $(n + k + 1)$-ten Schritt.

Es sei der Ansatz $\tilde{\eta}^{(i)}(\mathbf{x}, \boldsymbol{\vartheta}^{(i)})$ wahrer Ansatz, und es liege eine Realisierung eines Planes V_n vor, dann ist das Versuchsergebnis des $(n + 1)$-ten Versuchs an einer beliebigen, aber festen Stelle $\mathbf{x}$ ebenfalls normalverteilt mit $E_i Y(\mathbf{x}) = \tilde{\eta}^{(i)}(\mathbf{x}, \boldsymbol{\vartheta}^{(i)})$ und $D^2 Y(\mathbf{x}) = \sigma^2$ (wir hatten bereits die Komponenten des Stichprobenvektors $\mathcal{Y}$ als normalverteilt und unabhängig vorausgesetzt). Der Parametervektor $\boldsymbol{\vartheta}^{(i)}$ des wahren Ansatzes variiere in einer Parametermenge $S \subseteq R^r$. Können wir in S aus irgendeinem Grunde keine Werte bevorzugen, sind alle $\boldsymbol{\vartheta}^{(i)} \in S$ gleichberechtigt, dann können wir $\boldsymbol{\vartheta}^{(i)}$ als Zufallsgröße $\boldsymbol{\Theta}^{(i)}$ mit einer a-priori-Gleichverteilung über S auffassen. Wir erhalten dann, falls $\tilde{\eta}^{(i)}(\mathbf{x}, \boldsymbol{\Theta}^{(i)})$ mindestens approximativ linear in $\boldsymbol{\Theta}^{(i)}$ ist, für $\eta^{(i)}(\mathbf{x}, \boldsymbol{\Theta}^{(i)})$ ebenfalls eine Normalverteilung mit dem Erwartungswert $\tilde{\eta}^{(i)}(\mathbf{x}, \hat{\boldsymbol{\vartheta}}^{(i)}(V_n))$ und der Varianz $D^2(\tilde{\eta}^{(i)}(\mathbf{x}, \hat{\boldsymbol{\vartheta}}^{(i)}(V_n)))$. Wenden wir eine stetige Verallgemeinerung der Formel für die totale Wahrscheinlichkeit an und bezeichnen mit s_i^2 den Funktionswert der Varianzfunktion von $\tilde{\eta}^{(i)}(\mathbf{x}, \hat{\boldsymbol{\Theta}}^{(i)}(V_n))$, dann läßt sich die Wahrscheinlichkeit für die Vorhersage des Versuchsergebnisses $Y(\mathbf{x})$ an einer beliebigen, aber festen Stelle $\mathbf{x}$ unter der Bedingung, daß eine Realisierung $\mathscr{y}$ von V_n vorliegt und der i-te Ansatz wahr sei, ausdrücken durch

$$p_i(y|\mathscr{y}) = \frac{1}{\sqrt{2\pi(\sigma^2 + s_i^2)}} \exp\left\{-\frac{1}{2(\sigma^2 + s_i^2)}(y - \tilde{\eta}^{(i)}(\mathbf{x}, \hat{\boldsymbol{\vartheta}}^{(i)}(V_n)))^2\right\}. \tag{6.11}$$

Die totale Wahrscheinlichkeitsdichte $p(y|\mathscr{y})$ für $Y(\mathbf{x})$ ist dann entsprechend

$$p(y|\mathscr{y}) = \sum_{i=1}^{q} p_i(y|\mathscr{y})\, P_{in}. \tag{6.12}$$

Damit können wir nach Durchführung des $(n + 1)$-ten Versuchs die a-posteriori-Wahrscheinlichkeiten für die einzelnen Ansätze berechnen durch

$$P_{i(n+1)} = \frac{P_{in}\, p_i(y_{n+1}|\mathscr{Y})}{p(y_{n+1}|\mathscr{Y})}. \tag{6.13}$$

Wir wollen nun ein Auswahlkriterium für den Versuchspunkt $\mathbf{x}_{n+1}$ konstruieren. Dazu bedienen wir uns einer zentralen Größe der Informationstheorie. Sind $P_1, \ldots, P_q$ Wahrscheinlichkeiten, die bei einer vollständigen Zerlegung des sicheren Ereignisses entstehen, dann benutzen wir

$$h = - \sum_{i=1}^{q} P_i \ln P_i \tag{6.14}$$

als Maß für die *Entropie* (wird auch als Grad der Unbestimmtheit bezeichnet). In unserem Fall der Diskrimination von Regressionsansätzen sind die Wahrscheinlichkeiten P_i als a-priori-Wahrscheinlichkeiten für die einzelnen Ansätze zu deuten. Der Wert der Entropie wird maximal, d. h., die Unbestimmtheit ist am größten, wenn wir keinen Ansatz bevorzugen können, wenn also $P_1 = P_2 = \cdots = P_q = 1/q$ ist. Die Durchführung und Auswertung von Versuchen ergibt eine Zunahme an Information, also im allgemeinen eine Abnahme der Entropie. Wir wollen nun daher den nächsten Versuchspunkt $\mathbf{x}_{n+1}$ so auswählen, daß die Änderung der Entropie maximal wird. Bezeichnet $\Delta h(\mathbf{x}, V_n)$ die erwartete Entropieänderung nach dem n-ten Versuch durch den $(n + 1)$-ten Versuch (da das Ergebnis des $(n + 1)$-ten Versuchs zufällig ist, können wir nur den Erwartungswert der Entropieänderung zur Konstruktion heranziehen), dann läßt sich diese ausdrücken durch

$$\Delta h(\mathbf{x}, V_n) = - \sum_{i=1}^{q} P_{in} \ln P_{in} - (-1) \int_{-\infty}^{\infty} \left(\sum_{i=1}^{q} P_{i(n+1)} \ln P_{i(n+1)} \right) p(y|\mathscr{Y})\, \mathrm{d}y. \tag{6.15}$$

Als Auswahlkriterium könnten wir nun verwenden: wähle $\mathbf{x}_{n+1}$ so, daß

$$\Delta h(\mathbf{x}_{n+1}, V_n) = \max_{\mathbf{x} \in V} \Delta h(\mathbf{x}, V_n) \tag{6.16}$$

gilt. Bei der Auswahl von $\mathbf{x}_{n+1}$ nach (6.16) treten aber große numerische Schwierigkeiten auf. Deshalb empfehlen Box und Hill [1], bei der Anwendung ihres Verfahrens zu einer oberen Schranke $\overline{\Delta h}(\mathbf{x}, V_n)$ überzugehen und den Punkt $\mathbf{x}_{n+1}$ gemäß

$$\overline{\Delta h}(\mathbf{x}_{n+1}, V_n) = \max_{\mathbf{x} \in V} \overline{\Delta h}(\mathbf{x}, V_n) \tag{6.17}$$

auszuwählen. Nutzen wir (6.13) und eine Ungleichung von Kullback, dann können wir mit (6.11) die Funktion $\overline{\Delta h}(\mathbf{x}, V_n)$ explizit angeben

$$\overline{\Delta h}(\mathbf{x}, V_n) = \frac{1}{2} \sum_{i=1}^{q} \sum_{j=i+1}^{q} P_{in} P_{jn} \left\{ \frac{(s_i^2 - s_j^2)^2}{(\sigma^2 + s_i^2)(\sigma^2 + s_j^2)} \right. \tag{6.18}$$

$$\left. + (\tilde{\eta}^{(i)}(\mathbf{x}, \hat{\boldsymbol{\vartheta}}^{(i)}) - \tilde{\eta}^{(j)}(\mathbf{x}, \hat{\boldsymbol{\vartheta}}^{(j)}))^2 \left(\frac{1}{\sigma^2 + s_i^2} + \frac{1}{\sigma^2 + s_j^2} \right) \right\}.$$

Die Konstruktion eines optimalen Versuchsplanes zur Diskrimination von q disjunkten Regressionsansätzen wird nun durch folgende Schritte beschrieben:

Schritt 1: Durchführung eines Versuchsplanes V_n. Aus diesem Plan berechnen wir Schätzwerte $\hat{\vartheta}^{(i)}$ und s_i^2 (der Umfang des Anfangplanes muß so groß sein, daß diese Schätzungen nach der MkQ eindeutig sind).

Schritt 2: Unter Verwendung des entsprechenden Funktionswertes aus (6.11) berechnen wir aus den vorgegebenen a-priori-Wahrscheinlichkeiten P_i mit (6.13) die a-posteriori-Wahrscheinlichkeiten P_{in} ($i = 1, \ldots, q$).

Schritt 3: Ein einfaches Entscheidungskriterium wird durch den Vergleich der a-posteriori-Wahrscheinlichkeiten gegeben. Wir wählen den Ansatz $\tilde{\eta}^{(l)}(\mathbf{x}, \vartheta^{(l)})$ als besten Ansatz, wenn gilt

$$P_{ln} \geqslant P_{in} \tag{6.19}$$

für $i = 1, \ldots, q$ und $i \neq l$ (andere Abbruchkriterien sind noch nicht bekannt). Läßt sich nach (6.19) das Verfahren noch nicht beenden, dann folgt Schritt 4.

Schritt 4: Wir berechnen nun die Funktion (6.18) und wählen einen neuen Versuchspunkt $\mathbf{x}_{n+1}$ gemäß (6.17). Bei der Lösung dieser Optimierungsaufgabe treten oft große numerische Schwierigkeiten auf, die wir umgehen können, wenn wir den Versuchsbereich durch ein geeignetes Gitternetz diskretisieren und die Funktion $\overline{\Delta h}$ nur noch an diesen endlich vielen Punkten betrachten. Da $\overline{\Delta h}$ nur eine obere Schranke für Δh ist, können wir auch den durch diese Diskretisierung erhaltenen optimalen Punkt $\mathbf{x}_{n+1}$ für das Verfahren weiter verwenden.

Schritt 5: Wir führen an dem Versuchspunkt $\mathbf{x}_{n+1}$ einen Versuch durch und berechnen die Schätzwerte $\hat{\vartheta}^{(i)}$ und s_i^2 neu. Dann gehen wir zu Schritt 2 mit V_{n+1} anstelle von V_n.

Das hier vorgestellte Verfahren hat bereits in vielen praktischen Anwendungen zu guten Ergebnissen geführt.

Beispiel 6.1: Es ist die Wirkungsfläche zur Beschreibung einer chemischen Reaktion $A \rightarrow B$ zu schätzen (um beispielsweise optimale Bedingungen für die Durchführung des Prozesses zu ermitteln, vgl. Abschnitt 4.5.). Die Einflußgrößen seien x_1 und x_2, dabei ist x_1 die Reaktionszeit und $x_2 = (1/T - 1/525)$ eine Funktion der Temperatur. Als Versuchsbereich sei uns vorgegeben

$$V\colon\ 0 < x_1 \leqq 150, \quad 450 \leqq T \leqq 600. \tag{6.20}$$

Zur Beschreibung von $\eta(\mathbf{x})$ sind vier Ansätze gegeben [vgl. (6.1)]. Da wir alle Ansätze gleichberechtigt betrachten wollen, ist also

$$P_{10} = P_{20} = P_{30} = P_{40} = 0{,}25.$$

Um später auftretende numerische Schwierigkeiten zu umgehen, wollen wir den Versuchsbereich V diskretisieren durch ein Gitter mit der Maschenweite von jeweils 25 Einheiten. Damit enthält V nur noch insgesamt 42 mögliche Versuchspunkte. Als Anfangsversuchsplan wählen wir einen VFV 2^2 mit dem unteren Niveau ($-$) bei $x_1 = 25$ und bei $x_2 = 475$ und dem oberen Niveau ($+$) bei $x_1 = 125$

und bei $x_2 = 575$. Setzen wir noch $\sigma^2 = 0{,}05$ als bekannt voraus, dann liefert der Plan

	x_1	x_2
1.	−	+
2.	−	−
3.	+	−
4.	+	+

die a-posteriori-Wahrscheinlichkeiten

$$P_{14} = 0{,}0069; \quad P_{24} = 0{,}4290; \quad P_{34} = 0{,}5008; \quad P_{44} = 0{,}0633.$$

Zur Bestimmung des Versuchpunktes $\mathbf{x}_5$ berechnen wir den Funktionswert $\overline{\Delta h}(\mathbf{x}, V_4)$ nach (6.18) für alle Punkte von V. Auf diese Weise erhalten wir $\max_{\mathbf{x} \in V} \overline{\Delta h}(\mathbf{x}, V_4) = \overline{\Delta h}(\mathbf{x}_5, V_4)$ mit $\mathbf{x}_5 = (125; 600)$. Nach der Durchführung des Versuches an der Stelle $\mathbf{x}_5$ berechnen wir die a-posteriori-Wahrscheinlichkeiten

$$P_{15} = 0{,}0019; \quad P_{25} = 0{,}5602; \quad P_{35} = 0{,}4291; \quad P_{45} = 0{,}0088.$$

Tabelle 6.1

n	x_1	x_2	y	P_{1i}	P_{2i}	P_{3i}	P_{4i}
0				0,2500	0,2500	0,2500	0,2500
1	25	575	0,3961				
2	25	475	0,7232				
3	125	475	0,4215				
4	125	575	0,1297	0,0069	0,4290	0,5008	0,0639
5	125	600	0,0984	0,0019	0,5602	0,4291	0,0088
6	125	600	0,0556	0,0018	0,8639	0,1339	0,0004
7	50	450	0,7969	0,0021	0,9736	0,0243	0,0000
8	100	600	0,0325	0,0032	0,9956	0,0012	0,0000

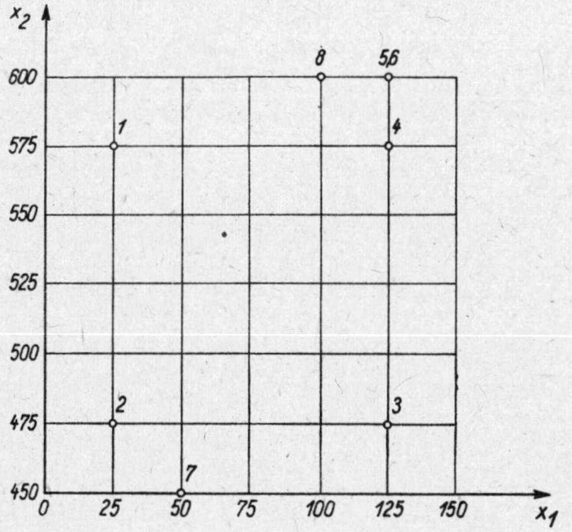

Bild 6.2

Die Ergebnisse für die ersten acht Schritte in diesem Sequentialverfahren sind in Tabelle 6.1 zusammengefaßt.
Stellen wir den Versuchsbereich V graphisch dar und tragen wir die Versuchspunkte ein, dann erhalten wir Bild 6.2.
Nach $n = 8$ Versuchen ergibt sich für P_{28} ein wesentlich größerer Wert als für P_{18}, P_{38} und P_{48}. Wir werden also den Ansatz $\tilde{\eta}^{(2)}(\mathbf{x}, \boldsymbol{\vartheta}^{(2)})$ als besten Ansatz auswählen und weiteren Untersuchungen zugrunde legen.

6.4. Nichtsequentielles Verfahren zur Diskrimination von Polynomansätzen

Zur Schätzung der Wirkungsfläche $\eta(\mathbf{x})$ wollen wir den besseren der beiden Ansätze

$$\tilde{\eta}^{(1)}(\mathbf{x}, \boldsymbol{\vartheta}^{(1)}) = \vartheta_0 + \vartheta_1 x + \vartheta_2 x^2 + \cdots + \vartheta_s x^s, \tag{6.21}$$
$$\tilde{\eta}^{(2)}(\mathbf{x}, \boldsymbol{\vartheta}^{(2)}) = \vartheta_0 + \vartheta_1 x + \vartheta_2 x^2 + \cdots + \vartheta_k x^k, \quad k > s,$$

benutzen. Die Auswahl des besten Ansatzes können wir durch einen Test auf die Hypothese $H_0 : \vartheta_k = \vartheta_{k-1} = \cdots = \vartheta_{s+1} = 0$ vornehmen. Von Stigler [1] wurde für $k = s + 1$ ein Verfahren entwickelt, nach dem ein geeigneter Versuchsplan für diese Entscheidungen konstruiert werden kann. Als Optimalitätskriterium wird dabei die D- (bzw. G-) Optimalität verwendet, die entsprechend dem Charakter der Aufgabenstellung modifiziert wurde. Ein diskreter D- (und G-) optimaler Versuchsplan soll *c-beschränkt* heißen, wenn er für ein gegebenes c außer der Bedingung (5.22) [bzw. (5.30)] die Nebenbedingung

$$D^2\hat{\Theta}_{s+1} \leqq c\,\frac{\sigma^2}{n} \tag{6.22}$$

erfüllt. Die Wahl der Konstanten c beeinflußt dabei die Aussage, für welche Parameterschätzungen der erhaltene Versuchsplan optimal ist. Wählen wir $c \to \infty$, dann wird sich ein diskreter D- (bzw. G-) optimaler Plan zur Schätzung der Parameter $\vartheta_0, \ldots, \vartheta_s$ ergeben, gilt jedoch $c = c_0 > 0$ (c_0 ist eine untere Schranke für c), dann erhalten wir einen optimalen Plan zur Schätzung von ϑ_{s+1}.

Im Versuchsbereich $V = [-1,1]$ seien die Ansätze

$$\tilde{\eta}^{(1)}(x, \boldsymbol{\vartheta}^{(1)}) = \vartheta_0 + \vartheta_1 x \quad \text{und}$$
$$\tilde{\eta}^{(2)}(x, \boldsymbol{\vartheta}^{(2)}) = \vartheta_0 + \vartheta_1 x + \vartheta_2 x^2$$

gegeben. Die Lösung der entsprechenden Optimierungsaufgabe unter der Nebenbedingung (6.22) führt zu einem diskreten D- (und G-) optimalen c-beschränkten Versuchsplan

$$\xi^* = \begin{Bmatrix} -1 & 0 & 1 \\ \dfrac{1}{4} + \dfrac{1}{2}\sqrt{\dfrac{1}{4} - \dfrac{1}{c}} & \dfrac{1}{2} - \sqrt{\dfrac{1}{4} - \dfrac{1}{c}} & \dfrac{1}{4} + \dfrac{1}{2}\sqrt{\dfrac{1}{4} - \dfrac{1}{c}} \end{Bmatrix} \tag{6.23}$$

für $c \geqq 4$. Aus (6.23) erhalten wir für $c \to \infty$ einen diskreten D-optimalen Versuchsplan zur Schätzung von ϑ_0 und ϑ_1 [vgl. auch (5.45)]

$$\xi^* = \begin{Bmatrix} -1 & 1 \\ 1/2 & 1/2 \end{Bmatrix} \tag{6.24}$$

und für $c = 4$ einen optimalen Plan

$$\xi^* = \begin{Bmatrix} -1 & 0 & 1 \\ 1/4 & 1/2 & 1/4 \end{Bmatrix} \tag{6.25}$$

zur Schätzung des Parameters ϑ_2 [vgl. auch den c-optimalen Plan (5.49) bezüglich $\mathbf{c}^{\mathrm{T}} = (0, 0, 1)$].

Zur Festlegung der wählbaren Konstanten c können wir Effizienzen (also Wirksamkeiten) dieser Versuchspläne heranziehen und durch die Gütefunktion des Tests auf die Hypothese $\vartheta_2 = 0$ eine geeignete Konstante c bestimmen. Dieses Verfahren wurde von Atwood [1] für den Fall $k > s + 1$ erweitert.

6.5. Zusammenfassung

Entsprechend der zu behandelnden Aufgabenstellung werden die Ansätze $\tilde{\eta}^{(i)}(\mathbf{x}, \vartheta^{(i)})$, $i = 1, \ldots, q$, formuliert. Es wird ein Anfangsplan V_n durchgeführt, mit dem alle Parameter $\vartheta^{(i)}$, $i = 1, \ldots, q$, geschätzt werden können. Aus der Realisierung $\mathcal{y}$ des Stichprobenvektors $\mathcal{Y}(V_n)$ werden die zur Schätzung benötigten Größen berechnet und die Restvarianzen S_i^2, $i = 1, \ldots, q$, ermittelt. Dann wird mit einem Entscheidungskriterium geprüft, ob die Auswahl eines besten Ansatzes möglich ist. Als Kriterium wird dabei die Differenz der Stichprobenvarianzen $S_1(V_n) - S_2(V_n)$, bei nur zwei konkurrierenden Ansätzen, oder die a-posteriori-Wahrscheinlichkeiten P_{in} für die Ansätze $\tilde{\eta}^{(i)}(\mathbf{x}, \vartheta^{(i)})$, $i = 1, \ldots, q$, herangezogen. Wenn die Entscheidung für einen besten Ansatz noch nicht möglich ist und weitere Versuche durchgeführt werden können, dann wird ein nächster Versuchspunkt $\mathbf{x}_{n+1}$ nach einem Optimalitätskriterium ausgewählt. Als Kriterium kann entweder die Differenz der Stichprobenvarianzen für zwei Ansätze, der quadratische Abstand der Schätzungen für die Wirkungsfläche oder der durch den $(n + 1)$-ten Versuch erwartete Informationsgewinn herangezogen werden. Nach Durchführung eines Versuches in $\mathbf{x}_{n+1}$ wird auf das Gesamtergebnis $\mathcal{y}(V_{n+1})$ wieder das Entscheidungskriterium angewandt, usw. Das Verfahren wird so lange wiederholt, bis ein bester Ansatz ausgewählt werden kann.

7. Literatur

Ahrens, H. [1]: Varianzanalyse, Berlin, Akademie-Verlag, 1967.

Atwood, C. L. [1]: Robust procedures for estimating polynomial regression, J. Amer. Statist. Assoc. 66 (1971), p. 855–860

[2]: Sequences converging to D-optimal designs of experiment, Ann. of Statist. 2 (1973), p.342–352.

Bandemer, H.; Bellmann, A.; Jung, W.; Richter, K. [1]: Optimale Versuchsplanung, 2. Aufl., Berlin, Akademie-Verlag, 1976.

Bandemer, H.; Näther, W. [1]: Theorie und Anwendung der optimalen Versuchsplanung, II, Anwendung, Berlin, Akademie-Verlag, 1979.

Bandemer H., u. a. [1]: Theorie und Anwendung der optimalen Versuchsplanung, I, Theorie, Berlin, Akademie-Verlag, 1977.

Box, G. E. P.; Hill, W. J. [1]: Discrimination among mechanistic models, Technometrics 9 (1967).

Box, G. E. P.; Hunter, W. G. [1]: Sequential design of experiments for nonlinear models, Proceedings of the IBM scientific computing symposium on statistics, oct. 1963, New York, 1965.

Box, G. E. P.; Wilson, K. B. [1]: On the experimental attainment of optimum conditions, J. Roy. Statist. Soc., Ser. B 13 (1951) p. 1–45.

Chernoff, H. [1]: Sequential analysis and optimal design, Regional Conference Series in Applied Mathematics 8, Philadelphia, Pa; SIAM V, 1972.

Cochran, W. G. [1]: Sampling techniques, New York, Wiley & Sons, 1957.
Cochran, W. G.; Cox, G. M. [1]: Experimental design, New York, Wiley & Sons, 1957.
Davies, O. L. [1]: The design and analysis of industrial experiments, London, Oliver and Boyd, 1963.
Draper, N. R.; Smith, H. [1]: Applied regression analysis, New York, London, Wiley & Sons, 1967.
Enderlein, G. [1]: Zur Anwendung der Vorhersagebestimmtheit zum Aufbau und zur Reduktion des Modellansatzes in der Regressionsanalyse, Biometr. Z. 13 (1971), S. 130–156.
Ferguson, S. [1]: Mathematical statistics, a decision theoretic approach, New York, London, Academic Press, 1967.
Fisz, M. [1]: Wahrscheinlichkeitsrechnung und mathematische Statistik (Übers. a. d. Polnischen), 10. Aufl., Berlin, Deutscher Verlag der Wissenschaften, 1980.
Hald, A. [1]: Statistical tables and formulas, New York, Wiley & Sons., 1952.
Hartmann, K.; Letzkij, E.; Schäfer, W. [1]: Statistische Versuchsplanung und Auswertung in der Stoffwirtschaft, Leipzig, Deutscher Verlag für Grundstoffindustrie, 1974.
Heckendorff, H. [1]: Grundlagen der sequentiellen Statistik, Teubner-Texte zur Mathematik, Bd. 45, Leipzig, BSB B. G. Teubner Verlagsgesellschaft, 1982.
Heinhold, J.; Gaede, K.-W. [1]: Ingenieur-Statistik, Wien, R. Oldenbourg Verlag, 1964.
Hunter, W. G.; Reiner, A. M. [1]: Designs for discriminating between two rival models, Technometrics 7 (1965), p. 307–323.
Jung, W. [1]: Kostenoptimale Versuchsplanung im Regressionsmodell, Biometr. Z. 17 (1974).
Kiefer, J. [1]: Optimum experimental designs *V*, with applications to systematic and rotatable designs, Proceedings of fourth Berkeley Symposium, Vol. 1, Berkeley, Los Angeles, 1961, p. 381–405.
[2]: Two more criteria equivalent to D-optimality of designs, Ann. Math. Statist. 33 (1962), p. 792.
Kiefer, J.; Wolfowitz, J. [1]: The equivalence of two extremum problems, Canad. J. Math. 12 (1960).
Linder, A. [1]: Planen und Auswerten von Versuchen, Basel, Verlag Birkhäuser, 1953.
Maibaum, G. [1]: Wahrscheinlichkeitstheorie und mathematische Statistik, 2. Aufl., Berlin, Deutscher Verlag der Wissenschaften, 1980.
Müller, P. H. [1]: Lexikon zur Stochastik, 4. Aufl., Berlin, Akademie-Verlag, 1983.
Müller, P. H.; Neumann, P.; Storm, R. [1]: Tafeln d. mathem. Statistik, 3. Aufl., Leipzig, Fachbuchverlag, 1979.
Näther, W. [1]: Effektive Observation of Random Fields, Teubner-Texte zur Mathematik, Bd. 72, Leipzig, BSB B. G. Teubner Verlagsgesellschaft, 1985.
Nalimov, V. V. [1]: Theorie des Experiments, Berlin, Deutscher Landwirtschaftsverlag, 1975.
Nollau, V. [1]: Statistische Analysen. Mathematische Methoden der Planung und Auswertung von Versuchen mit einem Anhang ALGOL-Programme von *A. Hahnewald-Busch*, 2. Aufl., Leipzig, Fachbuchverlag, 1979.
Rasch, D. [1]: Einführung in die mathematische Statistik, I, II, 2. Aufl., Berlin, Deutscher Verlag der Wissenschaften, 1984.
Rasch, D.; Enderlein, G.; Herrendörfer, G. [1]: Biometrie – Verfahren, Tabellen angewandte Statistik, Berlin, Deutscher Landwirtschaftsverlag, 1973.
Rasch, D.; Herrendörfer, G. [1]: Statistische Versuchsplanung, Berlin, Deutscher Verlag der Wissenschaften, 1982.
Rasch, D.; Herrendörfer, G.; Bock, J. [1]: Beiträge zur Planung des Stichprobenumfanges, Biometr. Z. 14 (1972), S. 101–105.
Rasch, D.; Herrendörfer, G.; Bock, J.; Busch, K. [1]: Verfahrensbibliothek, Versuchsplanung und -auswertung, Berlin, Deutscher Landwirtschaftsverlag, 1978.
Sachs, L. [1]: Statistische Auswertungsmethoden, 6. Aufl., Berlin, Springer-Verlag, 1984.
Scheffé, H. [1]: The analysis of variance, New York, Wiley & Sons, 1959.
Scheffler, E. [1]: Einführung in die Praxis der statistischen Versuchsplanung, 2., stark überarbeitete Aufl., Leipzig, Deutscher Verlag für Grundstoffindustrie, 1986.
Smirnow, N. W.; Dunin-Barkowski, I. W. [1]: Mathematische Statistik in der Technik (Übers. a. d. Russ.), 3. Aufl., Berlin, Deutscher Verlag der Wissenschaften, 1973.
Stigler, S. [1]: Optimal experimental design for polynomial regression, J. Amer. Statist. Assoc. 66 (1971), p. 311–318.

Storm, R. [1]: Wahrscheinlichkeitsrechnung, mathematische Statistik und statistische Qualitätskontrolle, 8., verbesserte Aufl., Leipzig, Fachbuchverlag, 1986.
Wald, A. [1]: Sequential analysis, New York, Wiley & Sons, 1947.
Wynn, H. P. [1]: The sequential generation of D-optimum experimental designs, Ann. Math. Statist. 41 (1970), p. 1655–1664.
Адлер, Ю. П.; Маркова, Е. В.; Грановский, Ю. В. [1]: Планирование эксперимента при поиске оптимальных условий, Москва, Изд. Наука, 1971.
Андерсон, Т. В. [1]: Введение в многомерный статистическ. анализ, Москва, Физматгиз, 1963.
Бродский, В. З.; Бродский, Л. И.; Голикова, Т. И.; Никитина, Е. П.; Панченко, Л. А. [1]: Таблицы планов эксперимента для факторных и полиномнальных моделей (справочное издание), Москва, Металлургия, 1982.
Голикова, Т. И.; Панченко, Л. А.; Фридман, М. З. [1]: Каталог планов второго порядка I, II, Москва, Изд. Московского Университета, 1974.
Мержанова, Р. Ф.; Никитин, Е. П. [1]: Каталог планов третьего порядка, Москва, Изд. Московского Университета, 1979.
Налимов, В. В. [1]: Новые идеи в планировании экспериментов, сб. статей, Москва, Изд. Наука, 1969.
[2]: Теория эксперимента, Москва, Изд. Наука, 1971.
Налимов, В. В.; Чернова, Н. А. [1]: Статистические методы планирования экстремальных экспериментов, Москва, Изд. Наука, 1965.
Федоров, В. В. [1]: Теория оптимального эксперимента (планирование регрессионных экспериментов), Москва, Изд. Наука, 1971.
Финни, Д. [1]: Введение в теорию планирования экспериментов, Москва, Изд. Наука, 1970.

Sachregister